禽病防治彩图手册

刘富来　司兴奎　主编

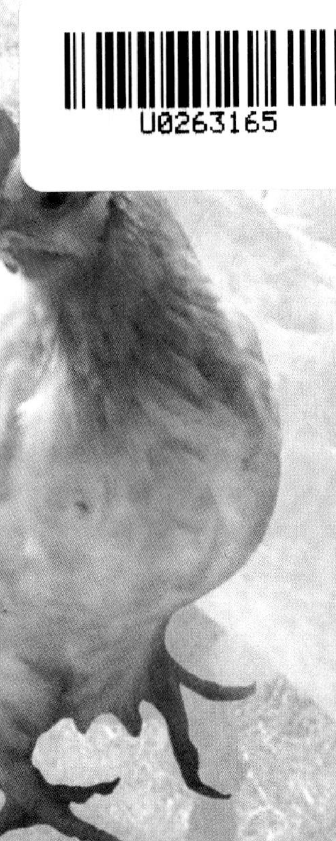

SPM 南方出版传媒

广东科技出版社｜全国优秀出版社

图书在版编目（CIP）数据

禽病防治彩图手册 / 刘富来，司兴奎主编. —广州：广东科技出版社，2006.7（2021.3 重印）
ISBN 978-7-5359-4112-1

Ⅰ. 禽…　Ⅱ. ①刘…　②司…　Ⅲ. 禽病—防治—图解　Ⅳ. S858.3-64

中国版本图书馆CIP数据核字（2006）第041559号

出 版 人：朱文清
责任编辑：区燕宜
封面设计：林少娟
责任校对：李云柯
责任印制：彭海波
出版发行：广东科技出版社
（广州市环市东路水荫路11号　邮政编码：510075）
销售热线：020-37592148 / 37607413
http：//www.gdstp.com.cn
E-mail：gdkjcbszhb@nfcb.com.cn
经　　销：广东新华发行集团股份有限公司
印　　刷：广州一龙印刷有限公司
（广州市增城区荔新九路43号1幢自编101房　邮政编码：51134[illegible]
规　　格：889mm×1 194mm　1/32　印张3　字数60千
版　　次：2006 年7月第1版
2021 年3月第4次印刷
定　　价：29.80元

主　编

刘富来　司兴奎

编　者

刘富来　司兴奎　卢玉葵　陈建红

内容简介

本书介绍了34种常见禽病的基本特征和防治的综合措施，其诊断方法均为第一线兽医工作者在实践过程中总结出来的。读者可以结合家禽的临床表现，对照本书相关疾病的症状及病变作出诊断。本书还总结了当今禽病防治的主要技术，包括：非特异性和特异性的免疫预防措施，药物预防及发病时的药物治疗，使养殖户在对疾病作出诊断的基础上可以及时制定治疗方案。

希望本书对指导养禽户以及基层兽医工作者在防治禽病过程中有所帮助，同时对兽药生产和经销人员也有一定的参考价值。

尽管本书内容经过反复修改，但还会有诸多疏漏，敬请读者批评指正。

目　录

一、鸡新城疫 1
二、鸽 I 型副黏病毒病 5
三、禽流感 8
四、马立克氏病 11
五、传染性喉气管炎 14
六、鸭瘟 17
七、传染性支气管炎 20
八、传染性法氏囊病 23
九、鸭病毒性肝炎 27
十、减蛋综合征 30
十一、小鹅瘟 32
十二、雏番鸭细小病毒病 34
十三、禽痘 36
十四、禽霍乱 38
十五、鸡白痢 42

十六、禽大肠杆菌病 46
十七、鸭疫里氏杆菌病 49
十八、传染性鼻炎 52
十九、禽曲霉菌病 54
二十、白色念珠菌病 56
二十一、禽支原体病 58
二十二、球虫病 61
二十三、卡氏住白细胞虫病 65
二十四、绦虫病 67
二十五、鸡蛔虫病 70
二十六、鸽毛滴虫病 72
二十七、维生素A缺乏症 74
二十八、维生素E－硒缺乏症 76
二十九、痛风 78
三十、啄癖 81
三十一、水禽副黏病毒病 83
三十二、肉鸡腹水综合征 85
三十三、鸭产蛋下降综合征 87
三十四、雏番鸭“白点病” 89

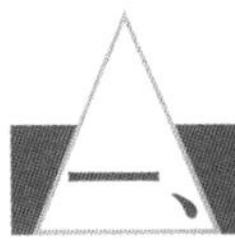

一、鸡新城疫

（一）发病特点

鸡新城疫（ND）又名亚洲鸡瘟、伪鸡瘟，俗称鸡瘟，是由新城疫病毒引起鸡的一种多病型传染病。典型鸡新城疫传播快、发病急、死亡率高，易发生大流行。主要发病特征为患鸡精神沉郁，部分患鸡呈现神经症状（图1），体温升高，呼吸困难，口中可见灰白色黏液，嗉囊积液，严重下痢，便稀且呈黄绿色。病理变化为腺胃、肌胃、盲肠、扁桃体和泄殖腔黏膜出血、坏死或溃疡，见图2至图4。

图1 鸡新城疫患鸡呈现扭颈等神经症状

图2 鸡新城疫患鸡腺胃乳头黏膜明显出血与坏死

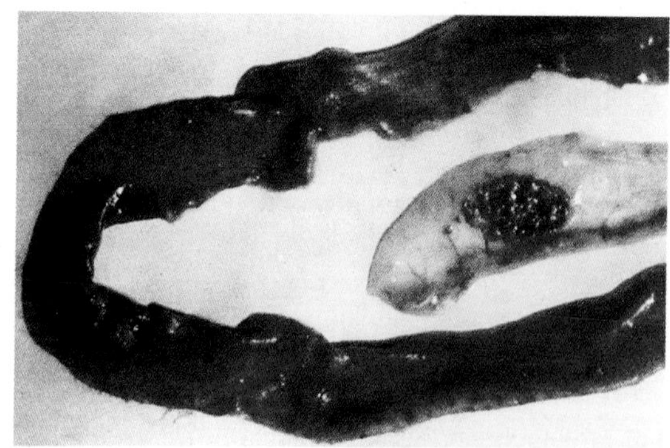

图3 鸡新城疫患鸡肠道呈纽扣状坏死和溃疡

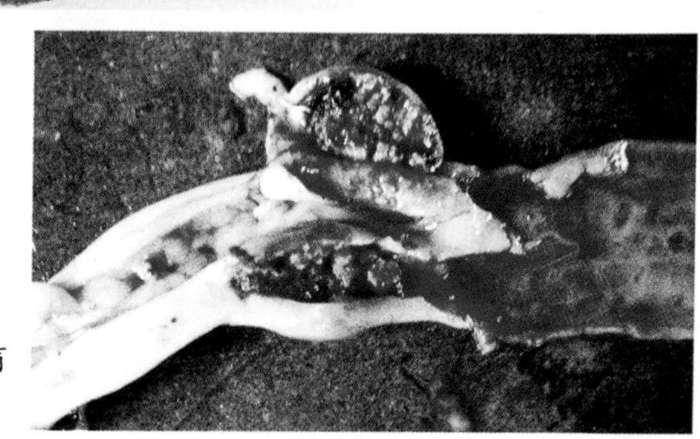

图4 鸡新城疫患鸡盲肠扁桃体出血和坏死

（二）综合防治

1．生物与化学药物防治

见表1。

表1 生物与化学药物治疗鸡瘟

药　名	作用与主治	每千克体重用量	使用方法
鸡新城疫卵黄抗体	抗新城疫病毒，免疫治疗	1~2毫升	肌肉注射
青霉素	抗菌，防止继发感染	5~10毫克	肌肉注射
		10毫克	口服
链霉素		5毫克	肌肉注射、口服

2. 中药防治

处方一：橄核莲、雄黄、白矾、绿豆各15克。

【用法】按处方配药，共为细末混匀，病鸡每千克体重每次服3克，每天1次，连用2~3次。

处方二：一见喜、硫黄各15克，绿豆30克。

【用法】按处方配药，共研细末，每只鸡每次用3克，茶油调服，每天2~3次，连用3~5天。

处方三：巴豆、罂粟壳、皂角各50克，雄黄20克，香附、鸦胆子各100克，鸡屎藤25克，韭菜（鲜）、钩吻（鲜）各250克，了哥王（鲜）1 000克，狼毒100克，血见愁（鲜）500克。

【用法】按处方配药，共为末。病鸡每千克体重用1克，以少许白酒和红糖为引，加凉开水5毫升，调和灌服，每天3次，连用3~5天。

3. 免疫预防与兽医卫生

加强饲养管理，防止病原体侵入鸡群，认真贯彻落实消毒工作，加强鸡场及栏舍出入口、进出人员、器械等的消毒和定期进行带鸡消毒。

在制订并实施相应免疫程序的基础上，加强对鸡群新城疫抗体水平的监测，并根据免疫监测的结果决定是否需要加强免疫而调整免疫程序。防制鸡新城疫常用疫苗有以下几种：新城疫Ⅰ系弱毒疫苗（中发型弱毒苗，简称ND Ⅰ系），适合25日龄以上鸡只，使用时按药瓶标签注明的头份，用灭菌生理盐水稀释后，皮下或胸肌肉注射，剂量为1毫升/只；也可采用气雾或饮水方法进行免疫。NDⅣ系及其克隆化疫苗如克隆30、克隆NT9和克隆83等，适合于不同日龄鸡只。ND Ⅱ系，用于7~14日龄的雏鸡。鸡新城疫油乳剂灭活苗适合于各种日龄鸡。在疫区各种疫苗的配合使用可参考表2。

发生本病时，可用ND Ⅳ或ND Ⅰ系弱毒疫苗进行紧急接种或用高免卵黄抗体作被动免疫。应注意低于25日龄的鸡群和严重感染期的所有日龄鸡群均不宜使用ND Ⅰ系弱毒苗进行紧急接种，以免产生严重应激而加重感染鸡群的发病和死亡。此时，鸡群最好使用高效价的新城疫超免卵黄抗体作肌肉注射治疗，经1~2周，在鸡群的病情已获得控制的情况下，可考虑接种疫苗，使其产生主动免疫。

表2 防制鸡新城疫（ND）参考免疫程序

免疫顺序	日 龄	疫 苗	使用方法
首免	1	ND Ⅱ系	点眼滴鼻
二免	10	ND Ⅳ系 ND 油乳剂灭活苗	分针肌肉注射
三免	25~30	ND Ⅰ系	肌肉注射
		ND Ⅳ系	饮水
四免	55~60	ND Ⅰ系	肌肉注射
		ND Ⅳ系	饮水
五免	产蛋前	ND 油乳剂灭活苗	肌肉注射

提高本病的防制效果还应注意以下几点：

（1）在受ND严重威胁的区域，25日龄以上的鸡群除必须使用ND Ⅰ系弱毒苗外，必要时可配合使用以本地分离的新城疫强毒或超强毒株制备的油乳剂灭活苗。

（2）应注意一禽多病的情况，在诊断和防制鸡新城疫的同时，应特别留意鸡新城疫与禽流感、传染性支气管炎、传染性喉管炎等疾病的鉴别诊断和联合防制，特别是联合免疫工作。

（3）应注意非典型鸡新城疫鸡群和高免鸡群中由于漏免而存在的易感个体在储存和散播病毒过程中的作用，重视预防非典型鸡新城疫及防止漏免的情况。

二、鸽Ⅰ型副黏病毒病

（一）发病特点

鸽Ⅰ型副黏病毒病（PPMV－Ⅰ）俗称鸽瘟，是由禽Ⅰ型副黏病毒引起鸽的一种急性、败血性、高度接触性传染病。其临床特征是20%~60%的病鸽表现神经症状（图5），排黄绿色稀粪（图6）。主要病理变化为皮下、腺胃及肠道黏膜出血（图7）。

图5 鸽Ⅰ型副黏病毒病患鸽表现出歪头、扭颈等神经症状

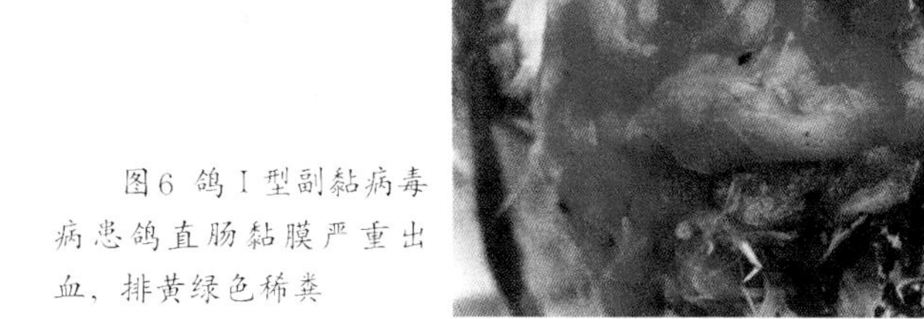

图6 鸽Ⅰ型副黏病毒病患鸽直肠黏膜严重出血，排黄绿色稀粪

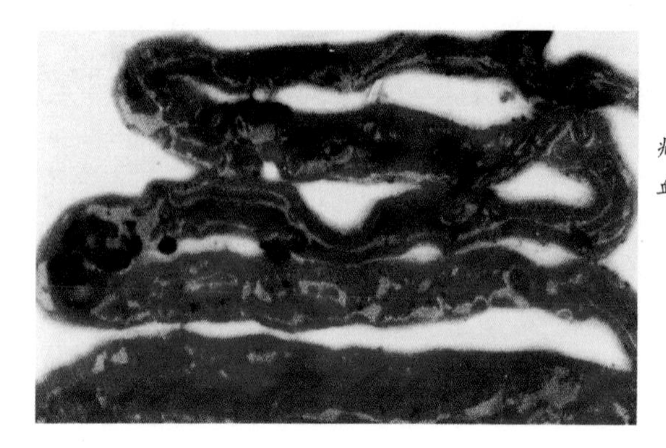

图7 鸽Ⅰ型副黏病毒病患鸽肠道黏膜脱落、出血

（二）综合防治

1. 生物与化学药物防治

见表3。

表3 生物与化学药物防治鸽瘟

<table>
<tr><th>药 名</th><th colspan="2">作用与主治</th><th>每千克体重用量</th><th>使用方法</th></tr>
<tr><td>鸽瘟－新城疫二联高免血清</td><td colspan="2">抗Ⅰ型副黏病毒，免疫治疗</td><td>1~2毫升</td><td>肌肉注射</td></tr>
<tr><td>青霉素</td><td colspan="2" rowspan="2">抗菌，防止继发感染</td><td>10毫克</td><td>混合后饮水服</td></tr>
<tr><td>链霉素</td><td>5毫克</td><td>混合后饮水服</td></tr>
<tr><td>复合维生素</td><td>补充营养</td><td>辅助治疗</td><td>按说明</td><td>混合后饮水服</td></tr>
</table>

2. 免疫预防与兽医卫生

加强饲养管理和清洁消毒，提高鸽群对疾病的抵抗力。发生本病时，及时对病鸽作无害化处理，对假定健康群加强带鸽消毒及紧急预防接种，可采用LaSota 2~5头份/只，肌肉注射，同时用PPMV－Ⅰ－新城疫二联油乳剂灭活苗1毫升/只，肌肉注射；或用高免血清（PPMV－Ⅰ－新城疫二联）1~2毫升/只，肌肉注射；同时在饲料中补充适量的复合维生素及适当投喂抗生素，防止继发感染。

在制定免疫程序时应遵循局部免疫与全身免疫相结合，新城疫与鸽Ⅰ型副黏病毒免疫相结合的免疫原则。参考免疫程序见表4（适用于种用鸽，乳鸽仅用首免部分）。

以后每半年重复上述“三免”1次，每1~2个月用LaSota 2~4头份/只饮水、点眼滴鼻或喷雾1次。

表4　防制鸽Ⅰ型副黏病毒病(PPMV－Ⅰ)参考免疫程序

免疫顺序	日龄	疫苗	使用方法
首免	15	LaSota 2头份/只	点眼滴鼻
二免	25~30	PPMV-Ⅰ－新城疫二联油乳剂灭活苗0.5毫升	肌肉注射
		LaSota 4头份/只	
三免	45~55	LaSota 2头份/只	饮水
		PPMV-Ⅰ－新城疫二联油乳剂灭活苗1毫升	肌肉注射
		ND Ⅰ系苗1头份/只	肌肉注射

三、禽流感

（一）发病特点

禽流感是由A型流感病毒引起禽类的一种高度接触性传染病。本病的特征症状为冠髯发绀（图8），肿头流泪，呼吸困难，最后因衰竭而死，部分病例可能表现共济失调等神经症状（图9）；病理变化特点是脚胫及皮肤出血（图10），皮下水肿，眼结膜出血，整个消化道从口腔至泄殖腔黏膜出血、坏死和溃疡（图11），胰腺呈现半透明状坏死（图12），心脏表面肌肉呈条纹状坏死（图13）。

图8 禽流感患鸡冠部发绀，呈紫黑色

图9 禽流感患鹅表现扭头等神经症状，同时鼻孔流血

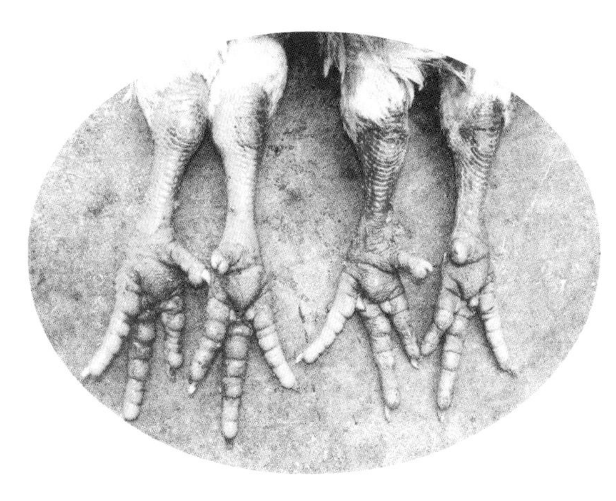

图 10　禽流感患鸡胫部角质鳞片皮下出血

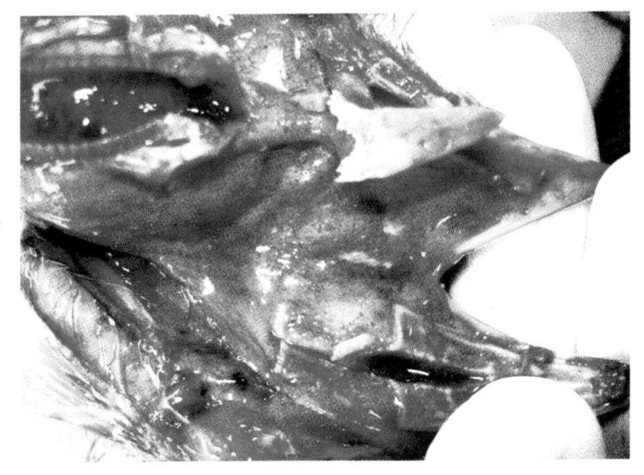

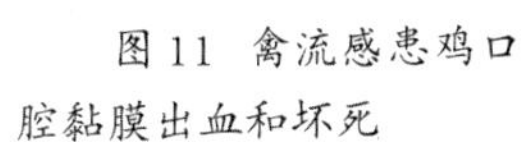

图 11　禽流感患鸡口腔黏膜出血和坏死

图 12　禽流感患鹅胰腺呈现半透明状坏死

图13 禽流感患鹅心脏表面肌肉呈条纹状坏死

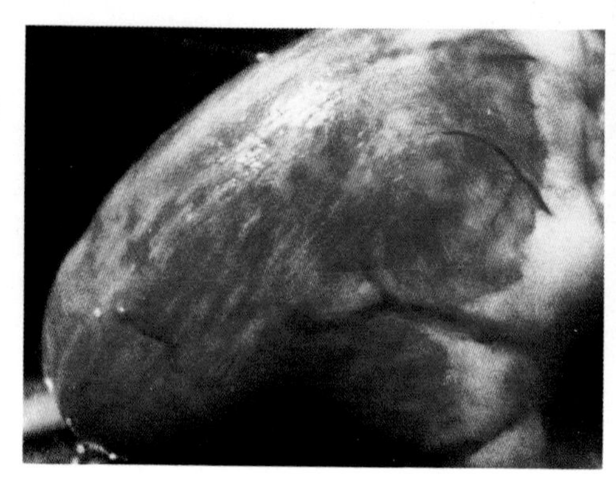

（二）综合防治

免疫预防与兽医卫生

积极做好综合防制措施，注意防止病原传入禽群。在兽医行政部门的指导下，可进行免疫防制。用相应血清亚型的禽流感病毒与新城疫疫苗制成二联灭活苗，结合新城疫免疫程序作免疫接种，有较好的保护作用。

当高致病性禽流感发生后，应立即向上级主管部门汇报，按照国家有关规定进行封锁、隔离、扑杀、消毒及免疫接种，在解除封锁后才能再次进行家禽的饲养。

四、马立克氏病

（一）发病特点

马立克氏病（MD）是由有致瘤作用的疱疹病毒引起鸡、火鸡的一种淋巴组织增生性恶性肿瘤病。其特征是患鸡的全身组织器官形成淋巴组织增生性肿瘤，坐骨神经受损，双腿呈劈叉状（图14）。以肝脏、脾脏、肾脏、性腺、腺胃、肠壁、心肌、肺脏、眼、神经、皮肤等组织和器官形成肿瘤性病灶为特征，见图15至图18。

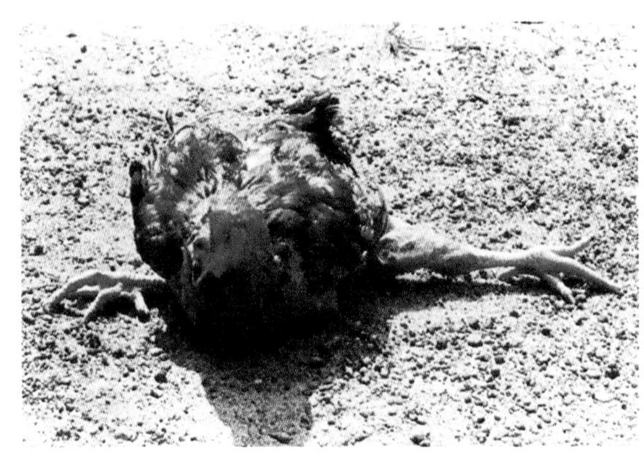

图14 马立克氏病患鸡坐骨神经受损，双腿叉开呈“一”字状

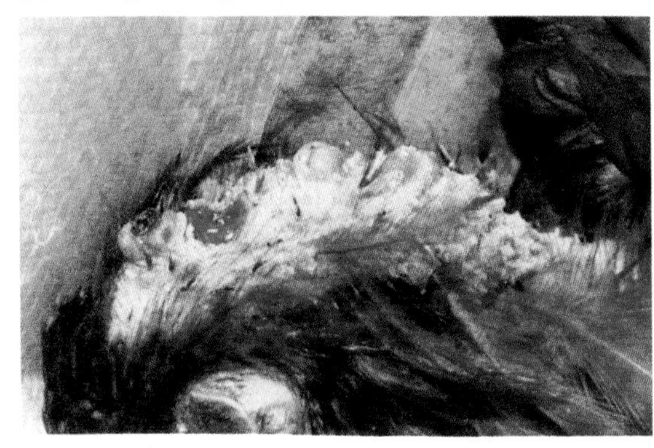

图15 马立克氏病患鸡颈部皮肤表面形成大小不一的肿瘤

图 16　马立克氏病患鸡肝脏充满界限清楚及弥散的肿瘤病灶

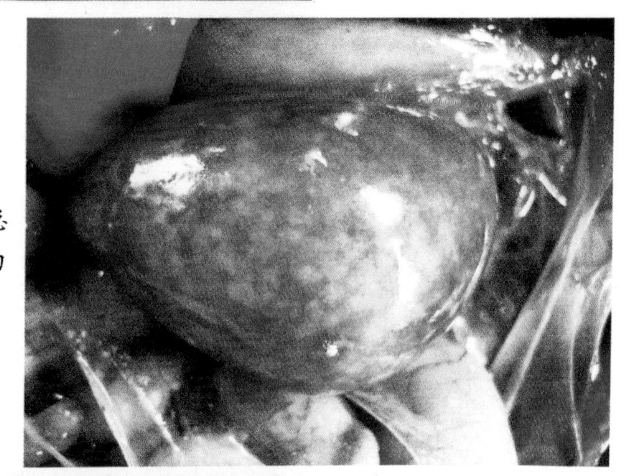

图 17　马立克氏病患鸡脾脏高度肿大，有灰白色肿瘤病灶

图 18　马立克氏病患鸡睾丸和肾脏均有灰白色肿瘤病灶

（二）综合防治

免疫预防与兽医卫生

（1）避免鸡只尤其是雏鸡（1 月龄内）接触马立克氏病病毒。因此要加强饲养管理，淘汰感染鸡只，做好种蛋、孵房及育雏室的消毒工作。同时加强防制传染性法氏囊病、禽白血病、网状内皮组织增生病、传染性贫血和呼肠孤病毒感染等免疫抑制性疾病。

（2）切实做好免疫接种工作。可供选择的疫苗有马立克氏病疫苗和火鸡疱疹病毒疫苗。疫苗的种类按病毒对活细胞的依赖性可分为细胞结合性疫苗（保存条件为 −196℃，如 CVI988、SB1 等）与非细胞结合性疫苗（如FC126）；根据疫苗毒株的抗原性可分为血清Ⅰ型（如CVI988）、血清Ⅱ型（如 SB1）和血清Ⅲ型（如 F126）；根据疫苗中所含血清型可分为二价苗和三价苗（如：SB1 + FC126和CVI988 + SB1 + FC126等）。

（3）掌握疫苗的正确使用方法。预防本病的疫苗应经颈部皮下于0~1日龄接种，1~2头份/只，必要时可重复接种。在MD免疫中选择疫苗的原则是，鸡群受一般毒力的强毒感染时，选用FC126；受超强毒力马立克氏病毒威胁的鸡场，选用超强毒致弱疫苗，如 CVI988 或含有本苗的二价苗、三价苗。稀释的疫苗最好放在冰水中边浸浴边注射，并要求1~2小时用完。接种疫苗后还应加强育雏室消毒，以保证雏鸡在产生免疫力前不受马立克氏病强毒感染。

五、传染性喉气管炎

（一）发病特点

传染性喉气管炎是由传染性喉气管炎病毒引起鸡的一种急性呼吸道传染病。病鸡的典型症状表现为患鸡张口喘气（图19），并发出“咯咯”怪声，咳出带血黏液，特征病理变化为喉气管黏膜水肿、出血（图20），喉头或气管内有黄色或暗红色渗出物和凝块（图21）。

图19 传染性喉气管炎患鸡呼吸困难，张口咳嗽或喘气

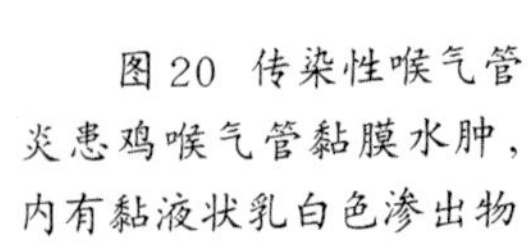

图20 传染性喉气管炎患鸡喉气管黏膜水肿，内有黏液状乳白色渗出物

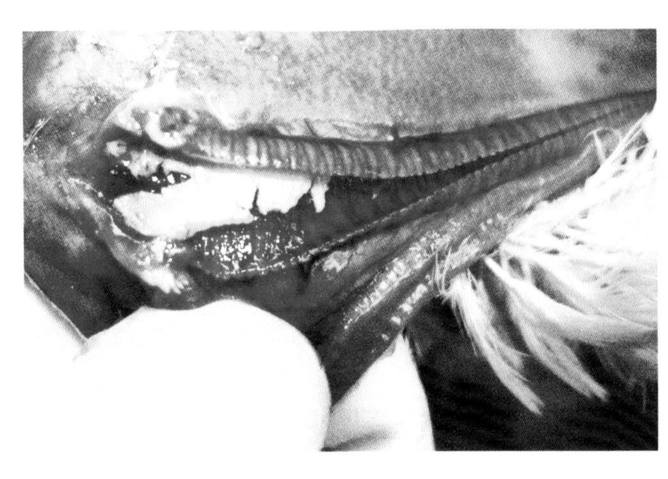

图21 传染性喉气管炎患鸡喉头有黄白色干酪样渗出物凝块

（二）综合防治

1. 化学药物防治

见表5。

表5 化学药物防治传染性喉气管炎

药　名	作用与主治	每升水用量	使用方法
强力霉素盐酸盐	抗菌，防止继发感染	200毫克	饮水
恩诺沙星		每千克体重10毫克	肌肉注射
		50毫克	饮水
复合维生素	补充营养	按说明	饮水

注：强力霉素盐酸盐或恩诺沙星选一种使用。

2. 中药防治

处方一：苍术150克，黑豆100克，石决明50克，橘红35克，紫草根10克，贯众50克，兔玉蒿50克。

【用法】按处方配药，各药粉碎为极细末，混匀备用。5月龄以内的鸡每只每天1~2克，分早晚2次混饲料服，连用7~10天为一疗程，预防量减半。

处方二：蒲公英、柴胡、射干、牛蒡子、山豆根、玄参、白芷、桔梗各15克，杏仁、甘草各10克。

【用法】按处方配药，煎汤拌料服，每天3次，连用3天。

处方三：贯众、板蓝根、金银花、连翘各30克，桔梗、牛蒡子、薄荷、荆芥穗、芦根各18克，淡豆豉15克，甘草12克。

【用法】按处方配药，煎汤灌服。每只鸡每次用1~2克，每天2次；重症病鸡每只每次2~3克，每天3次，连用3天。

处方四：炙麻黄10克，炒杏仁10克，生石膏50克，大青叶30克，板蓝根30克，金银花30克，连翘30克，黄芩20克，射干10克，山豆根10克，花粉10克，桑白皮20克，瓜蒌10克，苏子10克，甘草10克。

【用法】按处方配药，混匀备用。病鸡每只每次1~2克，每天2次，病重者加倍，连用2~3天。

3. 免疫预防与兽医卫生

加强饲养管理，坚持严格的清洁和消毒措施，严禁引进病鸡。预防本病可选用传染性喉气管炎弱毒疫苗，但仅限于疫区使用。使用方法为对20~25日龄小鸡，1头份/只，单侧点眼（注意约有5%的接种鸡会出现眼结膜炎等接种反应），每年接种本疫苗1~2次。若鸡场发生本病，可对未发病鸡群进行紧急接种疫苗。接种后，在饮水中添加复合维生素及抗菌药物可减轻应激反应。

六、鸭瘟

（一）发病特点

鸭瘟又名鸭病毒性肠炎，俗称大头瘟，是由疱疹病毒引起鸭或鹅的一种急性、热性、败血性传染病。患禽的临床症状特征是体温升高（稽留热）、呼吸困难、肿头流泪（图22）、软脚、下痢。主要病理变化是消化道出血、坏死（图23），并附有灰黄色假膜，泄殖腔黏膜坏死，附有黄白色假膜（图24），肝脏表面有灰白色出血性坏死灶（图25）。

图22 鸭瘟患鸭眼周围羽毛被泪水润湿，头部肿大

图23 鸭瘟患鸭食道黏膜表面有黄白色假膜附着

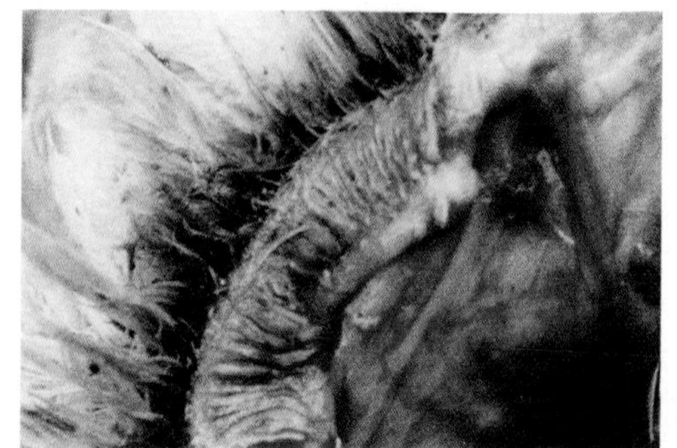

图24 鸭瘟患鸭泄殖腔黏膜附有黄白色假膜，表面坚硬似细沙样

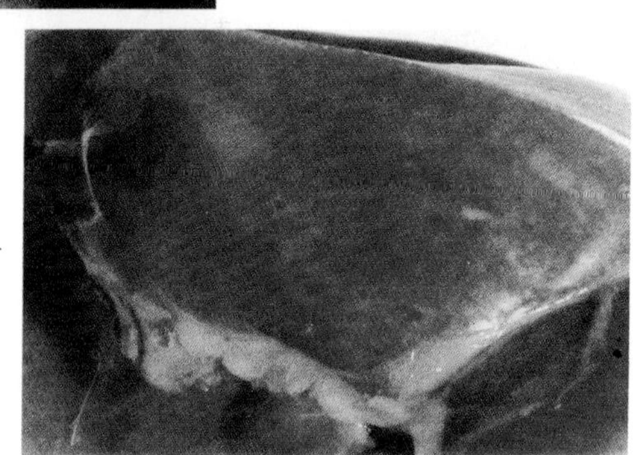

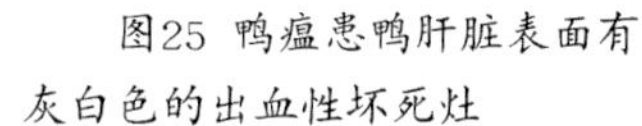

图25 鸭瘟患鸭肝脏表面有灰白色的出血性坏死灶

（二）综合防治

1. 化学药物防治

见表6。

表6 化学药物防治鸭瘟

药　名	作用与主治	每升水用量	使用方法
诺氟沙星	抗菌，防止继发感染	100毫克	饮水
恩诺沙星		每千克体重10毫克	肌肉注射
		50毫克	饮水
复合维生素	补充营养	按说明	饮水

注：诺氟沙星或恩诺沙星选一种使用。

2．中药防治

处方一：黄芩80克，黄柏45克，黄连须50克，大黄20克，金银花藤100克，白头翁100克，龙胆草100克，茵陈45克，板蓝根90克，甘草10克，车前草、陈皮适量为引。

【用法】按处方配药，煎汤，供100只鸭服用2天。

处方二：肉桂（另包）30克，桂枝25克，生姜100克，巴豆20克，全蝎4只，蜈蚣4条，朱砂15克（另包），板蓝根20克，党参20克，枳壳15克，桑螵蛸20克，高良姜25克，乌药15克，神曲45克，川芎20克，车前子20克，郁金20克，滑石100克，白蜡20克，甘草20克。

【用法】按处方配药，供100只成年鸭使用。煎汤2 500毫升（肉桂、朱砂后下）待凉，加米酒500毫升。病鸭按每只每次15~20毫升，每天1次，连用3天。

3．免疫预防与兽医卫生

严禁从疫区引进鸭（鹅）苗、蛋和肉等产品，加强栏舍、运动场和饲养用具等消毒。定期接种鸭瘟鸡胚化弱毒疫苗，免疫时可参考表7进行。

表7　鸭瘟参考免疫程序

免疫顺序	日龄	疫苗	免疫方法
首免	15~20日龄	鸭瘟弱毒疫苗	0.5头份/只（肌肉注射）
二免	30~35日龄	鸭瘟弱毒疫苗	1头份/只（肌肉注射）
三免	产蛋前	鸭瘟弱毒疫苗	2头份/只（肌肉注射）

以后可每年接种2~3次，发病时可紧急接种1~2头份/只。鹅的免疫接种日龄与方法和鸭基本相同，使用疫苗的剂量加大，首免、二免和三免的疫苗剂量依次为10头份/只、15头份/只、20~25头份/只，紧急接种的剂量应为20~25头份/只。

七、传染性支气管炎

（一）发病特点

传染性支气管炎是由传染性支气管炎病毒引起鸡的一种急性、高度接触性呼吸道传染病。小鸡感病后，呼吸困难，精神沉郁（图26），发病率和死亡率较高；青年母鸡感染后还可导致输卵管永久性狭窄，造成产蛋障碍；成年母鸡感染后可表现为产蛋量下降，蛋的品质下降，流泪流涕；剖检可见支气管内有黄白色干酪样栓子（图27），肾脏肿大、苍白，并有尿酸盐沉积（图28）。

图26 传染性支气管炎患病小鸡呼吸困难，精神沉郁

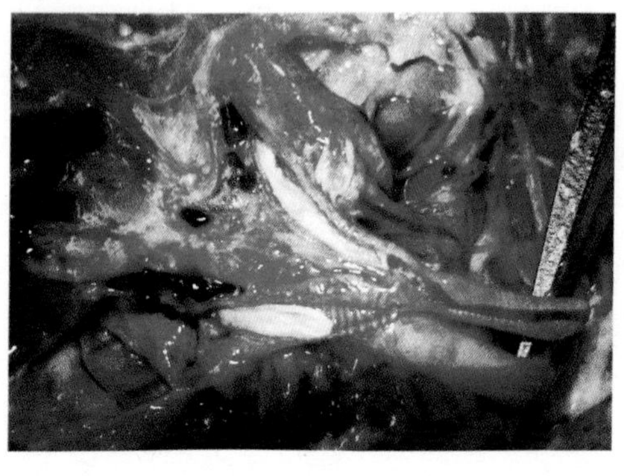

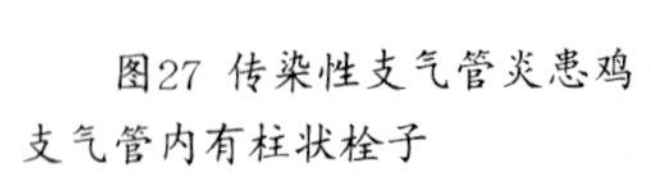

图27 传染性支气管炎患鸡支气管内有柱状栓子

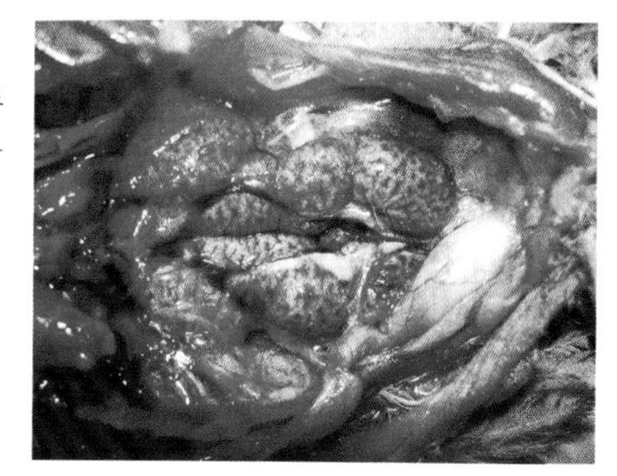

图28 传染性支气管炎患鸡肾脏高度肿大，肾小管内充斥灰白色尿酸盐

（二）综合防治

1. 化学药物防治

见表8。

表8 化学药物防治传染性支气管炎

药　名	作用与主治	每千克体重用量	使用方法
土霉素碱	抗菌，防止继发感染	按0.05%	拌料服
恩诺沙星		10毫克	肌肉注射
		每升水加入50毫克	饮水
氨茶碱	松弛平滑肌、缓解呼吸	5~10毫克	饮水
补液盐	补液，平衡电解质	适量	饮水

注：土霉素碱或恩诺沙星选一种使用。补液盐由氯化钠3.5克、氯化钾1.5克、碳酸氢钠（小苏打）2.5克、葡萄糖20克组成。用时加温开水1 000毫升配成溶液。

2. 中药防治

处方一：金银花、连翘、板蓝根、大青叶、黄芩各500克，贝母、桔梗、党参、黄芪各400克，甘草100克。

【用法】按处方配药，加水15升，煎煮20分钟，取煎汤按1∶5加入饮水，连用3天。

处方二：麻黄、大青叶各30克，石膏25克，制半夏、连翘、黄连、金银花各20克，蒲公英、黄芩、杏仁、麦门冬、桑白皮各15克，菊花、桔梗各10克，甘草10克。

【用法】按处方配药，煎汤去渣，拌于1天的饲料中，供500只鸡用。

处方三：党参、黄芪、金银花、连翘各10克，板蓝根、鱼腥草各20

克，黄柏、龙胆、茯苓各 10 克，车前子、金钱草、枇杷叶各 15 克，山楂、麦芽、甘草各 10 克。

【用法】按处方配药，煎汤饮水服。病鸡按每只每天 2 克生药量，连用 3 天。

3. 免疫预防与兽医卫生

本病的发生与环境条件有一定的关系，鸡群拥挤、气温过热过冷、栏舍通风不良、营养不良等均可成为发病诱因。平时加强对鸡群的饲养管理，适当补充维生素和微量元素，注意育雏室的保温与通风，保持垫料干爽，降低空气中硫化氢及氨气的浓度，同时做好免疫接种工作。用于免疫预防本病的疫苗有：① H_{120} – H_{52}、D1466、D274、4/91、MA5，均为针对支气管型传染性支气管炎的疫苗；②澳大利亚“T”株、国产“W”株为针对肾型传染性支气管炎的疫苗，某些报道认为 MA5 对肾型传染性支气管炎亦有一定的交叉免疫作用；③新支二联苗包括 LaSota – H_{120} – T 和 LaSota – H_{52} – T 等。免疫程序可参考表 9。

表 9　新城疫、支气管炎联合参考免疫程序

免疫顺序	日　龄	疫　苗	免疫方法
首　免	1	新支二联弱毒苗（LaSota-H_{120}-T 等）	点眼滴鼻
二　免	10~13	新支二联弱毒苗（LaSota-H_{120}-T 等）	点眼滴鼻
		新支二联油乳剂灭活苗	皮下注射
三　免	21~25	新支二联弱毒苗（LaSota-H_{52}-T 等）	点眼滴鼻
		新城疫 I 系苗	肌肉注射

对于种鸡群，在开产前和产蛋中期应各使用新支二联油乳剂灭活苗肌肉注射接种 1 次，期间还可应用新支二联弱毒苗（LaSota – H_{52} – T）经饮水免疫接种 1~2 次。在无肾型传染性支气管炎的疫区，可省略“T 株”疫苗。

八、传染性法氏囊病

（一）发病特点

传染性法氏囊病（简称IBD）又称囊病、传染性腔上囊病、甘保罗病，是由传染性法氏囊病病毒引起的一种急性高度接触性传染病。鸡群患病后可导致高致死率，严重的发生免疫抑制，机体抵抗力明显下降。患鸡的特征为衰竭，精神高度沉郁（图29），啄肛，下痢（图30），法氏囊炎症出血（图31至图33），肾脏肿大，内有大量尿酸盐沉积（图34），胸肌及腿部肌肉条纹状出血（图35）。

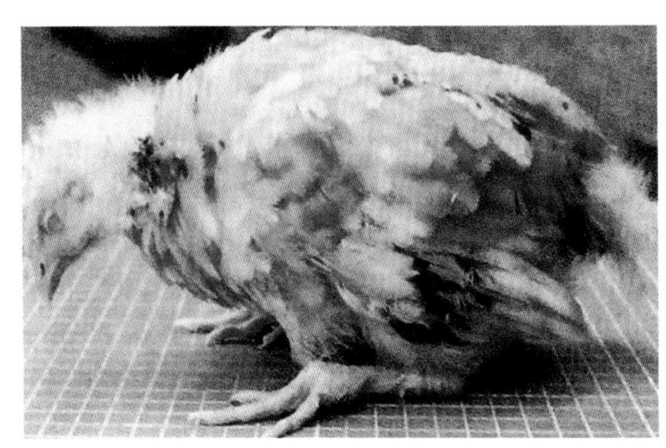

图29 传染性法氏囊病患鸡精神高度沉郁，被羽松乱，尾部下垂

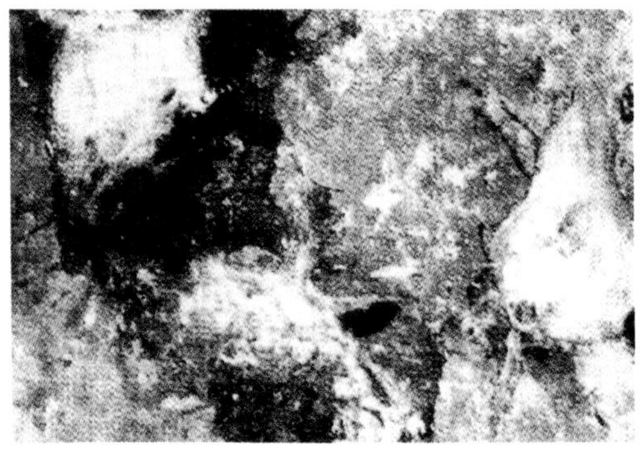

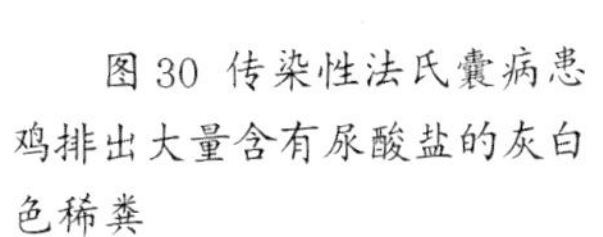

图30 传染性法氏囊病患鸡排出大量含有尿酸盐的灰白色稀粪

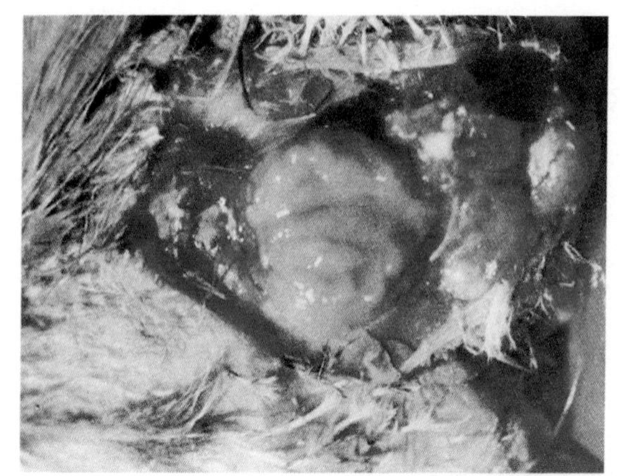

图 31 传染性法氏囊病患鸡法氏囊炎，内有大量乳白色渗出物

图 32 传染性法氏囊病患鸡法氏囊黏膜出血并有大量渗出物

图 33 传染性法氏囊病患鸡法氏囊严重出血，呈“紫葡萄”样(左为正常)

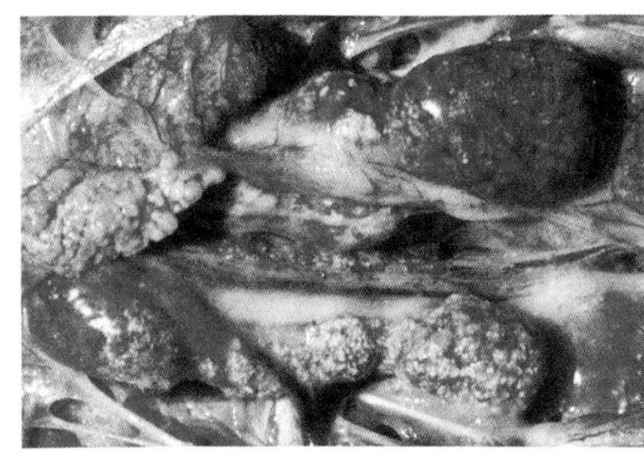

图34　传染性法氏囊病患鸡肾脏高度肿大，内有大量尿酸盐沉积

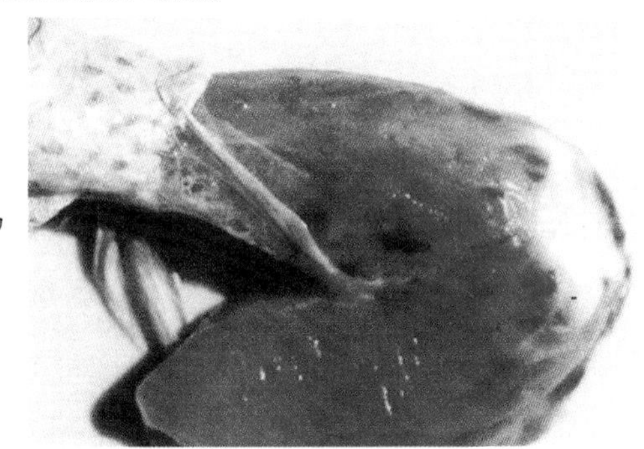

图35 传染性法氏囊病患鸡腿部肌肉有条纹状出血

（二）综合防治

1．生物与化学药物防治

见表10。

表10　生物与化学药物防治传染性法氏囊病

<table>
<tr><th>药　名</th><th>作用与主治</th><th>每千克体重用量</th><th>使用方法</th></tr>
<tr><td>高免卵黄抗体</td><td>抗 IBD，免疫治疗</td><td>1~2 毫升</td><td rowspan="4">肌肉注射</td></tr>
<tr><td>青霉素</td><td rowspan="4">抗菌，防止继发感染</td><td>5~10 毫克</td></tr>
<tr><td>链霉素</td><td>5 毫克</td></tr>
<tr><td rowspan="2">恩诺沙星</td><td>10 毫克</td></tr>
<tr><td>每升水 50 毫克</td><td>饮水</td></tr>
<tr><td>补液盐</td><td>补液，平衡电解质</td><td>适量</td><td>饮水</td></tr>
</table>

注：青霉素、链霉素或恩诺沙星选一种使用。补液盐由氯化钠 3.5 克、氯化钾 1.5 克、小苏打 2.5 克、葡萄糖 20.0 克组成。用时加温开水 1 000 毫升配成。

2. 中药防治

处方一：白头翁40克，黄柏50克，黄连50克，秦皮50克。

【用法】按处方配药，每只鸡给药0.5~1克，煎汤饮服，隔10小时再服1剂，连用2~3天。

处方二：干姜50克，黄芩50克，黄连60克，党参60克，木香60克。

【用法】按处方配药，煎汤5 000 ~6 000毫升，让鸡自饮，3小时饮完，隔12小时再服1剂。

处方三：板蓝根、大青叶、连翘、金银花、黄芪、当归各15~40克，川芎、柴胡、黄芩各15~30克，紫草、龙胆草各15~40克。

【用法】按处方配药，供100只鸡煎汤1次服，每天1次，连用2~3天。

处方四：板蓝根100克，金银花60克，败酱草100克，连翘20克，生甘草20克。

【用法】按处方配药，煎汤2 000毫升，饮服，每只鸡每次10毫升，每天2次，连用2~3天。

3. 免疫预防与兽医卫生

免疫接种是控制本病的重要方法，可供选用的疫苗分为弱毒苗和灭活苗两大类。弱毒苗又可分为温和型（接种后对法氏囊无损害，不能突破母源抗体干扰，如D_{78}）和中等毒力型（接种后对法氏囊有轻度损害，能够突破母源抗体的干扰，如CH－IM、BJ－836），可参照表11进行免疫。发病时，注射传染性法氏囊高免卵黄抗体，同时使用利尿及缓解肾肿的中草药对控制本病有良好效果。

表11 法氏囊免疫程序

免疫顺序	日龄	疫苗	免疫方法
首免	3~5	中等毒力疫苗（有母源抗体）	饮水接种
		温和型疫苗（无母源抗体）	饮水接种
二免	10~12	中等毒力疫苗	饮水接种
三免	25日前后	中等毒力疫苗	饮水接种

九、鸭病毒性肝炎

（一）发病特点

鸭病毒性肝炎简称鸭肝炎，是由鸭肝炎病毒引起雏鸭的一种以肝脏呈现出血样炎症为特征的急性烈性传染病。发病雏鸭频频抽搐，死亡前表现为角弓反张特征（图 36），肝脏呈斑点状出血（图 37、图 38），胆囊肿大，胆汁颜色变淡（图 39）。

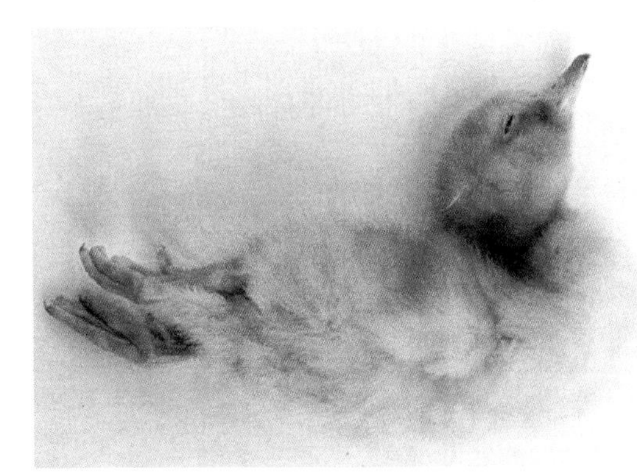

图 36　鸭病毒性肝炎患病小鸭死亡前表现为角弓反张的特有姿势

图 37　鸭病毒性肝炎患病小鸭肝脏有明显的出血点和出血斑

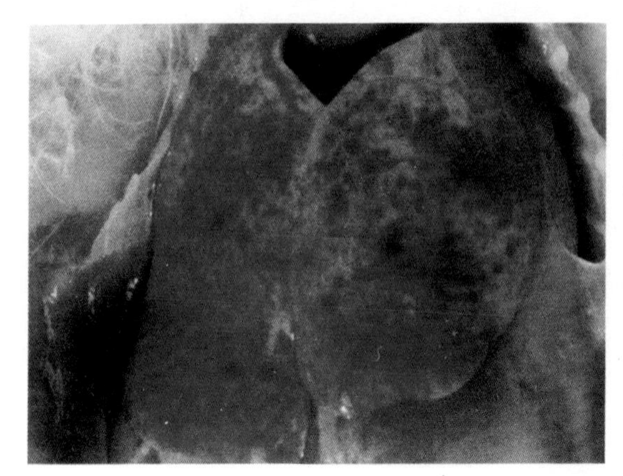

图 38 鸭病毒性肝炎患病小鸭肝脏严重出血，出血斑点大小不一

图 39 鸭病毒性肝炎患病小鸭胆汁颜色变浅呈茶色或棕褐色
（中间为基本正常的胆囊对照）

（二）综合防治

1. 生物与化学药物防治

见表 12。

表 12 生物与化学药物防治鸭病毒性肝炎

药 名	作用与治疗	每千克体重用量	使用方法
高免（或康复鸭）血清	抗鸭肝炎病毒，免疫治疗	0.5~1 毫升	肌肉注射
高免卵黄抗体		1~2 毫升	
氨苄青霉素	抗菌，防止继发感染	10 毫克	
维生素 C	增强抗病力	0.1~0.2 毫克	饮水

2. 中药防治

处方一：鱼腥草300克，板蓝根300克，龙胆草300克，茵陈100克，黄柏150克，桑白皮300克，救必应300克，甘草50克。

【用法】按处方配药，煎汤500毫升，化入红糖50克，雏鸭每只服5毫升，每天2次，连用2~3天。

处方二：茵陈50克，龙胆25克，柴胡25克，黄芩20克，神曲50克，甘草20克。

【用法】按处方配药，各药粉碎为末，供100只雏鸭1天用，连用2~3天。

处方三：板蓝根、大青叶、甘草各30克，朱砂1.5克，紫草、葛根各25克，木樨草1.5克，枯矾12克。

【用法】按处方配药，煎汤供100只雏鸭服用，每天1剂，连用2剂。

处方四：板蓝根80克，茵陈60克，菊花40克，龙胆草30克，川楝子30克，香附30克，钩藤30克，栀子30克，大黄30克，甘草30克。

【用法】按处方配药，供100只雏鸭煎汤服用，病情严重者，灌服，每天2次，连用2~3天。

处方五：柴胡、龙胆草、栀子各20克，茵陈30克，大黄10克，板蓝根60克，大青叶40克，甘草15克。

【用法】按处方配药，供200只雏鸭服用。每天1剂，连用2~3天；同时用维生素C按0.04%拌料，饮水中按5%加葡萄糖同服。

3. 免疫预防与兽医卫生

由于雏鸭病毒性肝炎发病早、传播快，因此必须采取早期对雏鸭的主动免疫预防措施和对种鸭的被动免疫预防措施。从健康鸭群引进种苗，严格执行消毒制度。一旦暴发本病，立即隔离病鸭，并对鸭舍与水域彻底消毒。对发病雏鸭群用鸭病毒性肝炎高免卵黄抗体注射治疗，1~2毫升/只，同时选择适宜的抗生素控制继发感染。

肝炎防制应注意以下几个方面：产蛋前15天，肌肉注射1~2头份/只；产蛋中期，肌肉注射2~4头份/只；雏鸭出壳后1日龄（无母源抗体者）或7日龄（有母源抗体者）皮下注射1头份/只。

十、减蛋综合征

（一）发病特点

减蛋综合征是一种由禽腺病毒引起产蛋鸡群不能达到产蛋高峰或产蛋量大幅下降的一种生殖系统传染病。患病鸡群突然发生群体性产蛋下降，产异常蛋（软壳、畸形，图 40），异常蛋约占 15%。患病期间，种蛋孵化率明显下降，死胚率 10%~12%。剖检可见患鸡输卵管黏膜水肿（图 41）。

图 40 减蛋综合征患病鸡群产出的软壳蛋及畸形蛋

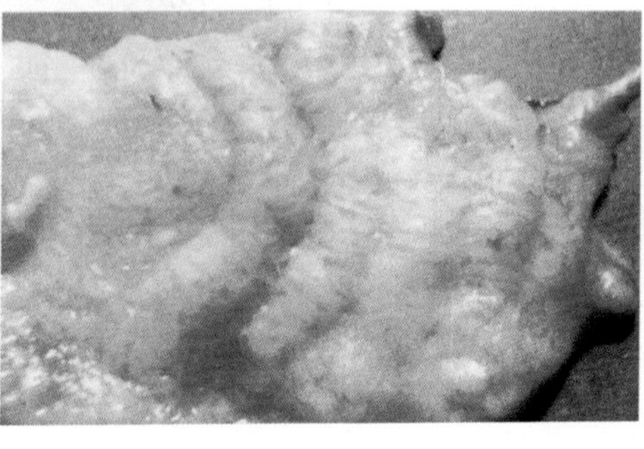

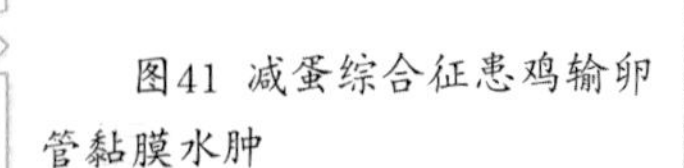

图41 减蛋综合征患鸡输卵管黏膜水肿

（二）综合防治

1. 化学药物防治

见表13。

表13 化学药物防治鸡减蛋综合征

药 名	作用与主治	每千克体重用量	使用方法
维生素E	调节内分泌	5~10毫克	肌肉注射
复合维生素	补充营养	按使用说明书	饮水

2. 中药防治

处方一：党参、白术各80克，刺五加、仙茅、何首乌、当归、艾叶各50克，山楂、神曲、麦芽各40克，松针200克。

【用法】按处方配药，共为末混合均匀，以1.5%拌料服，每隔5天添加1次。

处方二：黄连50克，黄柏50克，黄芩50克，金银花50克，大青叶50克，板蓝根50克，黄药子30克，白药子30克，甘草50克。

【用法】按处方配药，煎两次，合并两次煎汤约5 000毫升，加白糖1千克，供500只鸡饮用。每天1剂，连用3~5剂。

3. 免疫预防与兽医卫生

无产蛋下降综合征的鸡场应从非感染鸡场引种；孵化和育雏中的蛋盘以及运鸡的卡车等要充分冲洗消毒。由于鸭鹅带毒情况较为普遍，故应严格避免鸡鸭鹅混饲。母鸡在开产前的2~4周采用减蛋综合征油乳剂灭活苗经肌肉注射，0.5~1.0毫升/只；在产蛋中期可加强免疫1次，1.0~1.5毫升/只；发病时可用该疫苗作紧急接种，1.5毫升/只，并注意补充营养和防止其他传染病的继发感染和合并感染，可以在1~2周控制疫情。

十一、小鹅瘟

（一）发病特点

小鹅瘟又称鹅细小病毒感染，是雏鹅的一种急性败血性传染病。患病小鹅严重脱水，精神高度沉郁（图 42）。特征性病变主要在空肠和回肠，呈急性卡他性纤维素性浮膜性肠炎，渗出物和肠内容物混合呈腊肠样，见图 43。

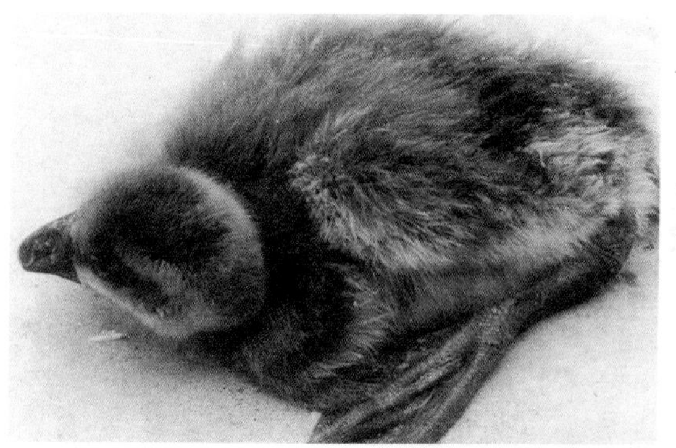

图 42 患小鹅瘟病小鹅严重脱水，精神高度沉郁

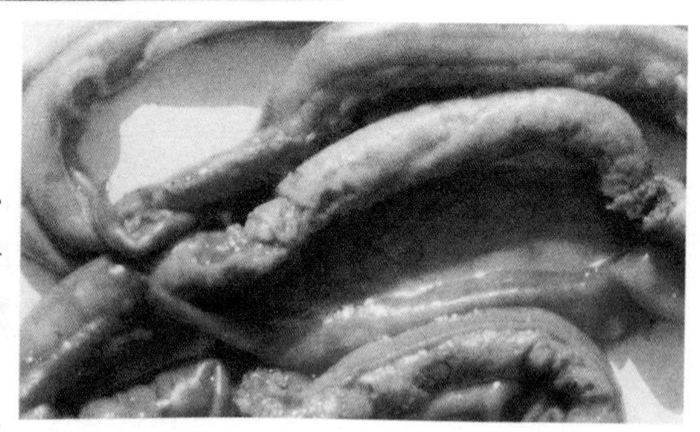

图 43 患小鹅瘟病小鹅空肠呈纤维素性浮膜性肠炎，俗称“腊肠粪”

（二）综合防治

1．生物与化学药物防治

见表14。

表14　生物与化学药物防治小鹅瘟

药　名	作用与主治	每千克体重用量		使用方法
小鹅瘟血清	抗小鹅瘟病毒，免疫治疗	有症状	1~2毫升	皮下注射
		无症状	0.8~1毫升	
青霉素	抗菌，防止继发感染	5~10毫克		肌肉注射
链霉素		5毫克		

2. 中药防治

处方一：板蓝根12克，金银花10克，栀子10克，黄连5克，黄柏10克，黄芩10克，连翘5克，肉桂8克，赤石脂10克，生地5克，赤芍5克，水牛角10克。

【用法】每只小鹅每天用药1~1.5克，煎水服，连用2~3天。

处方二：板蓝根20克，金银花12克，黄芩12克，柴胡8克，肉桂8克，赤石脂10克，生地12克，赤芍8克，水牛角10克。

【用法】按处方配药，每只小鹅每天用药1~1.5克，煎水服，连用2~3天。

3. 免疫预防与兽医卫生

（1）加强饲养管理和日常消毒工作。严格从非疫区引进种苗和种蛋，尽量做到自繁自养，加强场地、孵化坊的消毒。

（2）使用小鹅瘟弱毒疫苗进行免疫预防。较常用的疫苗是小鹅瘟鸭胚化弱毒疫苗，参考免疫程序为：在种鹅产蛋前15~20天，经肌肉注射2头份/只；产蛋中期加强免疫接种一次，2~4头份/只，可有较高的保护率，也可使用小鹅瘟高免血清于雏鹅2~5日龄，每羽0.5毫升，作预防注射。

（3）发病时，可应用小鹅瘟高免血清或卵黄抗体给雏鹅进行肌肉注射治疗，用量为1.0~1.5毫升/只，同时适当投喂一些抗生素，以控制细菌性继发感染。

十二、雏番鸭细小病毒病

（一）发病特点

雏番鸭细小病毒病俗称番鸭三周病，是由细小病毒引起雏番鸭的一种急性传染病。患病番鸭严重脱水，体重迅速减轻（图44）。其病理变化特征是纤维素性浮膜性肠炎（图45）；胰脏呈黄白色点状坏死（图46）。

图44　番鸭细小病毒病患病番鸭严重脱水，体重迅速减轻

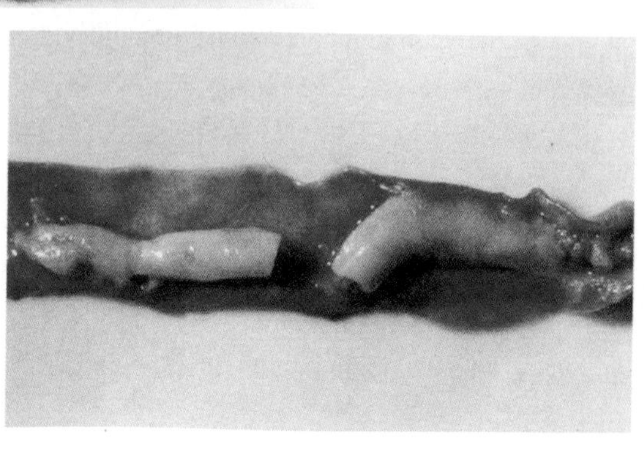

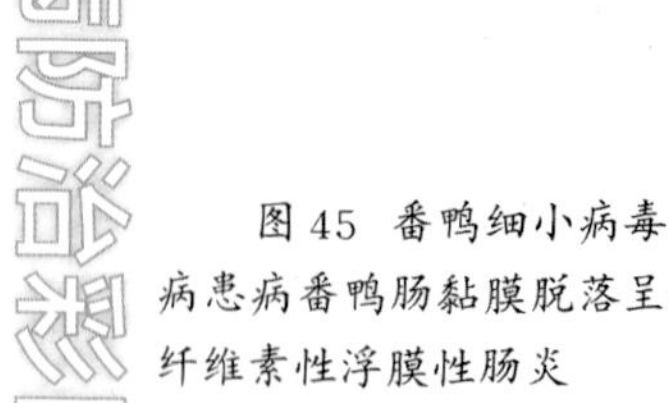

图45　番鸭细小病毒病患病番鸭肠黏膜脱落呈纤维素性浮膜性肠炎

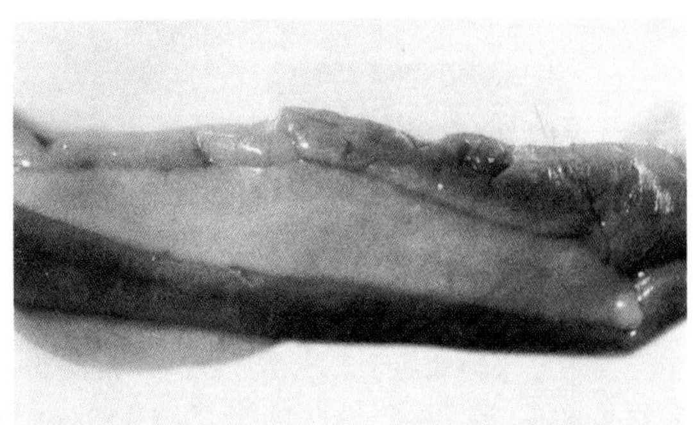

图 46　番鸭细小病毒病患病番鸭胰腺上可见灰白色坏死点

（二）综合防治

1. 生物与化学药物防治

见表 15。

表 15　生物与化学药物防治番鸭细小病毒病

药　名	作用与主治	每千克体重用量	使用方法
高免（或康复鹅）血清	抗番鸭细小病毒，免疫治疗	0.5~1 毫升	肌肉注射
高免卵黄抗体		1~2 毫升	
氨苄青霉素	抗菌，防止继发感染	10 毫克	
维生素 C	增强抗病力	0.1~0.2 毫克	饮水

2. 免疫预防与兽医卫生

（1）做好育雏阶段的环境卫生工作，注意鸭舍干燥、防寒和勤换垫草，保持棚舍干爽清洁及采用疫苗进行免疫接种可有效预防本病。

（2）可采用雏番鸭细小病毒病 – 小鹅瘟二联弱毒苗经皮下接种雏番鸭，1~2 头份 / 只；而种番鸭则选用雏番鸭细小病毒病 – 小鹅瘟二联油乳剂灭活苗，产蛋前和产蛋中期免疫，使后代获得天然被动免疫。另外，还可对雏鸭使用雏番鸭细小病毒病 – 小鹅瘟二联高免蛋黄液或雏番鸭细小病毒病 – 小鹅瘟二联高免血清进行被动免疫预防，或在发病时作治疗用。

（3）对发病番鸭群，在注射高免血清或高免卵黄抗体的同时，使用一些抗菌药物对病鸭康复有一定帮助。

十三、禽痘

（一）发病特点

禽痘是由痘病毒引起家禽皮肤或黏膜发生痘疹为特征的急性高度接触性传染病。多发生于鸽，引起乳鸽较大量死亡及影响种鸽的繁殖能力。病理特征为家禽皮肤或黏膜出现大小不一的痘诊，见图47、图48。

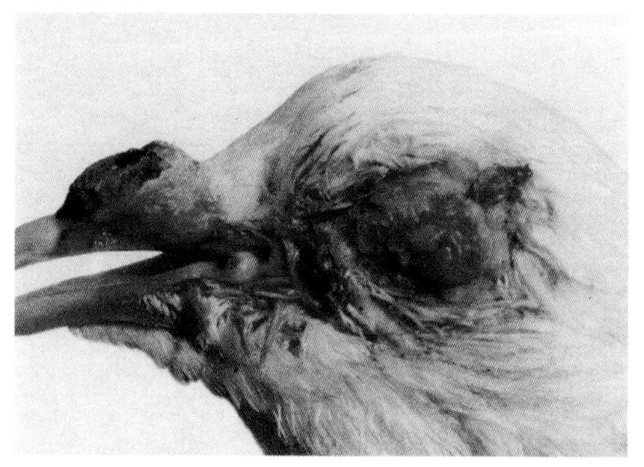

图47 禽痘患鸽鼻孔、喙及眼部皮肤出现痘疹

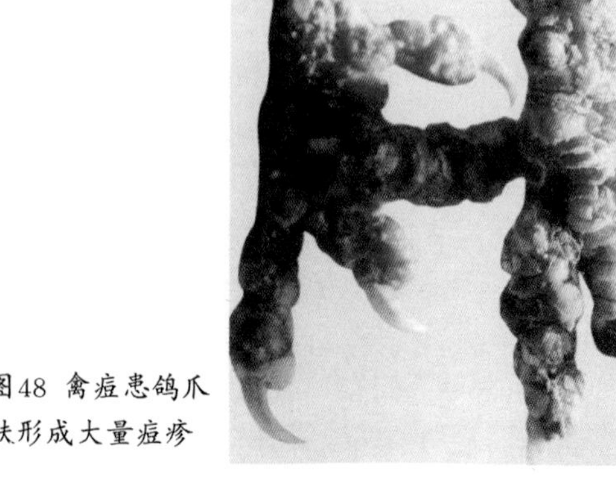

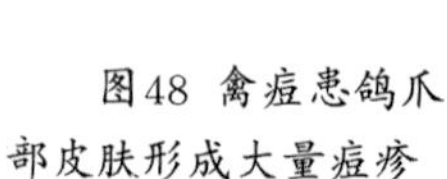

图48 禽痘患鸽爪部皮肤形成大量痘疹

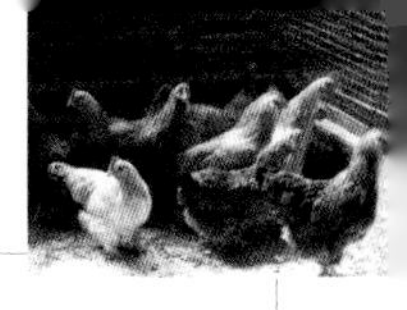

（二）综合防治

1. 中药防治

处方一：板蓝根10克，金银花5克，连翘6克，栀子5克，赤芍3克，车前子4克（供10~30只鸡用）。

【用法】按处方配药，煎药液拌料服，连用3天。剥离痘痂，用0.1%高锰酸钾冲洗斑痕2次。

处方二：板蓝根100克，蒲公英、金银花、山楂、甘草各50克，黄芩30克。

【用法】按处方配药，按每千克体重1克，拌料服，另用50克板蓝根煎汤1 000毫升，自由饮服。

处方三：蒲公英30克，金银花20克，连翘15克，薄荷少许为引。

【用法】按处方配药，煎汤400毫升，口服或洗涤，20毫升/只，每天2次，连用3~5天。

2. 免疫预防与兽医卫生

（1）加强饲养管理，做好消毒卫生工作。预防本病应特别注意搞好环境卫生与灭蚊工作，及时发现病禽并作无害化处理以消除传染源。

（2）受此病威胁的禽群应及时作免疫预防接种，鸽群应采用鸽痘弱毒疫苗经腿部或翼膜刺种1~2次。在已发病的鸽场，如暂时无法购到鸽痘弱毒疫苗，可采集本场病鸽痘痂，研磨后用50%的甘油生理盐水配成1∶50~1∶100的悬液，供健康鸽接种，但此类疫苗属于强毒苗，非疫区严禁使用，以免造成人为散毒。

（3）鸡群应使用汕系鸡痘弱毒苗刺种，于1日龄、15日龄各刺种1次，以后，成年鸡群可每年春、秋和冬季各刺种1次。对鸡群还可使用鸡痘鹌鹑化弱毒疫苗，此疫苗毒力稍强，一般不可用于20日龄以内的雏鸡接种，如确需使用，则可用半量（0.5头份/只）。

十四、禽霍乱

（一）发病特点

禽霍乱又名禽多杀性巴氏杆菌病或禽出血性败血症，俗称禽出败，是由多杀性巴氏杆菌引起各种禽类的一种急性败血性高度接触性传染病。本病的特征是其最急性患禽可能发生“闪电式”死亡，患禽的肝脏有针头大小、边缘整齐的灰白色坏死点（图49），还可见心脏外膜与内膜出血（图50）、肺脏水肿、肠道出血等败血性变化（图51、图52）。

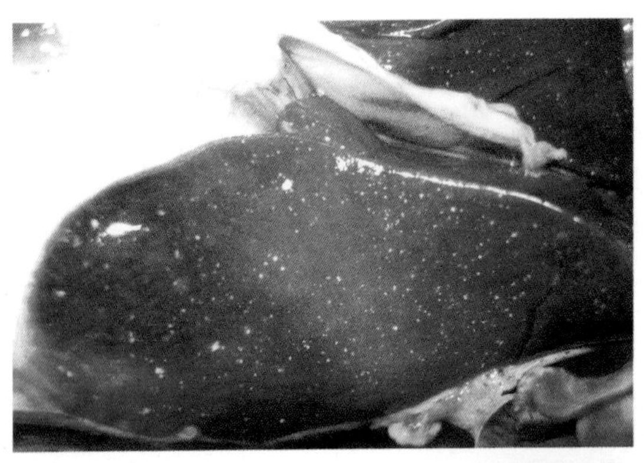

图49 禽霍乱患鹅肝脏表面充满灰白色针头大小坏死灶

图50 禽霍乱患鹅心脏内膜、心外膜及心冠脂肪明显出血

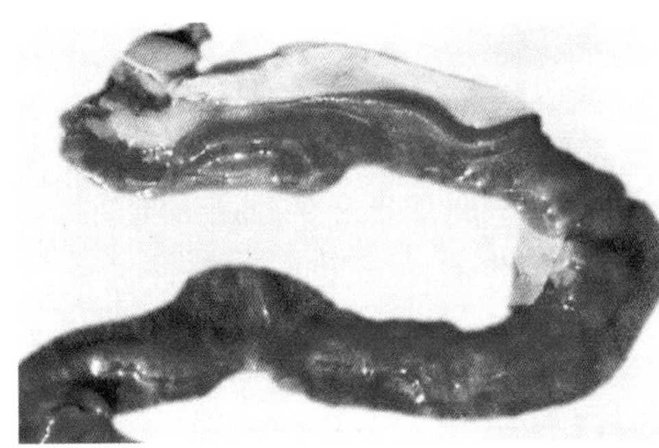

图51　禽霍乱患鹅十二指肠黏膜脱落，肠道出血呈红布样

图 52　禽霍乱患鹅肺脏淤血、水肿和出血

（二）综合防治

1. 化学药物治疗

见表 16。

表 16　化学药物治疗禽霍乱

药　名	作用与主治	每千克体重用量	使用方法
硫酸链霉素	抗菌，治疗禽霍乱	20~30 毫克	肌肉注射
恩诺沙星		5~7.5 毫克	拌料服
		每升水 50~75 毫克	饮水服
		2.5~5 毫克	肌肉注射
氟甲砜霉素		20~30 毫克	饮水服
		20 毫克	肌肉注射
氟甲喹钠		每升水 35 毫克	饮水服
		每吨料 50 克	拌料服

注：选 1~2 种敏感药使用。

近年来，由于长期使用抗生素，使某些菌株对部分抗菌药产生了抗药性，建议在选用药物治疗本病前，对发病场分离的菌株作药物的药敏试验，选用最敏感的1~2种药物进行治疗，以取得良好的治疗效果，在使用抗菌药物的同时选用中草药或单独选用中草药治疗本病均可取得良好效果。

2. 中药治疗

处方一：黄连200克，黄芩500克，川柏300克，栀子300克，大青叶250克，金银花300克，知母300克，柴胡500克，地榆500克，穿心莲300克，凤尾草500克，茜草根200克，桔梗300克，陈艾叶60克。

【用法】按处方配药，煎汤去渣，用药液煮谷，待温后，鸭群每天喂谷3次，连用2天。

处方二：穿心莲、板蓝根各60克，蒲公英、旱莲草各50克，苍术30克。

【用法】按处方配药，粉碎混匀。按每千克体重一次量1.35~1.8克，拌料服，每天3次，连用3天。

处方三：独活180克，桑寄生200克，秦艽130克，防风130克，细辛30克，川芎120克，芍药120克，牛膝120克，杜仲100克，当归160克，党参200克，甘草50克，苍术150克，防己120克。

【用法】按处方配药，煎汤供300只成鸡服用，连用2剂。

处方四：黄芩、蒲公英、野菊花、金银花、板蓝根、葛根、雄黄各350克，藿香、乌梅、白芷、大黄各250克。

【用法】按处方配药，共研末。每天按饲料量的1.5%添加饲喂，连用7天。

处方五：柴胡40克，胆草50克，茵陈40克，蝉蜕30克，生地50克，丹皮40克，银花50克，连翘50克，元参40克，薄荷30克，甘草20克。

【用法】按处方配药，用其煎汤煮谷饲料（或其他饲料），供100只鸭服用，连用2~3天。对有明显症状的病鸭，每只口服或肌肉注射敏感抗菌素1次，然后与健康鸭一起饲喂用上述煎汤所煮的谷饲料（或其他饲料）。

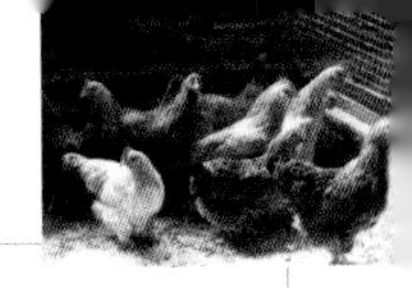

处方六：茵陈 100 克，半枝莲 100 克，白花蛇舌草 200 克，大青叶 100 克，藿香 50 克，当归 50 克，生地 150 克，赤芍 50 克，甘草 50 克。

【用法】按处方配药，煎汤拌入饲料中，供100只鸡分3天服用，3~6次服完。可以用作群体预防，拒绝采食者采取灌服。

3．免疫预防与兽医卫生

加强管理，降低饲养密度，提高家禽机体的抵抗力；应尽量避免应激；注意日常的清洁和消毒，防止引入病禽和带菌禽等措施是预防和控制本病的关键。

免疫预防所选用疫苗的主要种类、特点与使用的基本方法：禽霍乱弱毒活菌苗，可引起一定的全身性反应，不同血清型之间有一定的交叉免疫保护作用，一般用于1月龄以上家禽的加强免疫接种，产蛋期应尽量避免使用，并应注意本疫苗易受抗生素影响；禽霍乱组织灭活苗，适用于各阶段家禽免疫。

十五、鸡白痢

（一）发病特点

鸡白痢是由鸡白痢沙门氏菌引起雏鸡和火鸡的一种败血性传染病。患病种鸡产蛋率下降，种蛋的受精率、孵化率下降，并发生卵巢炎。患病小鸡表现衰弱，下白痢（图 53），致肛门周围绒毛被粪便污染，有的肛门被干燥的粪便糊住（图 54），常发出尖叫声。成年鸡常呈慢性或隐性经过，无明显症状。病理变化特征是肝脏表面有灰白色“雪花样”坏死灶（图 55），肺脏形成灰白至灰黄色的坏死性结节，心肌有略突出的结节，使心脏显著变形。成年鸡剖检常见卵变形、变色呈囊状，卵黄性腹膜炎以及心包炎等。

图 53 鸡白痢患病小鸡排灰白色粪便

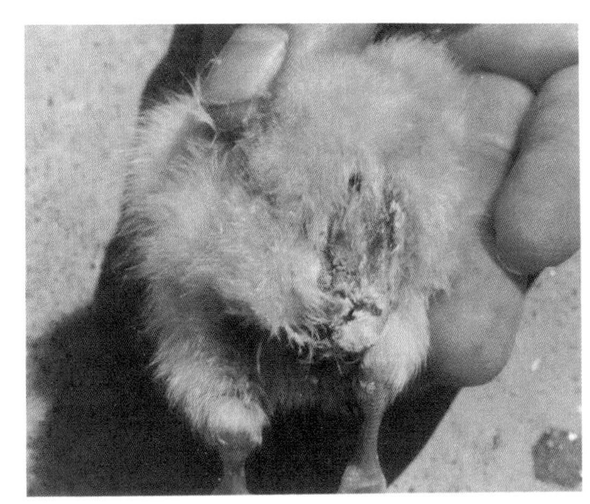

图 54　鸡白痢患病小鸡泄殖腔附着石灰样粪便

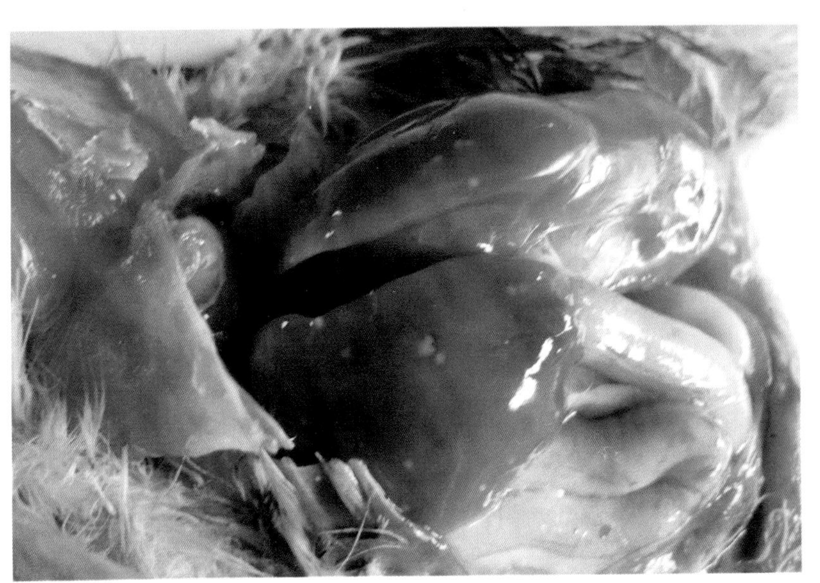

图 55　鸡白痢患病小鸡肝脏有灰白色坏死灶

（二）综合防治

1．化学药物治疗

见表17。

表17　化学药物治疗鸡白痢

<table>
<tr><th>药　名</th><th>每千克体重用量</th><th>使用方法</th><th>服药时间</th></tr>
<tr><td>乳酸环丙沙星</td><td>2.5~5 毫克</td><td>肌肉注射，2 次 / 天</td><td rowspan="5">2~3 天</td></tr>
<tr><td>环丙沙星可溶性粉</td><td>每升水 50 毫克</td><td>饮水服，2 次 / 天</td></tr>
<tr><td>盐酸环丙沙星</td><td>每千克饲料 100 毫克</td><td>拌料服</td></tr>
<tr><td>氟哌酸可溶性粉</td><td>每升水 100 毫克</td><td>饮水服，2 次 / 天</td></tr>
<tr><td>甲砜霉素</td><td>20~30 毫克</td><td>拌料服，2 次 / 天</td></tr>
<tr><td rowspan="2">氟甲砜霉素</td><td>20~30 毫克</td><td>拌料服，2 次 / 天</td><td>3~5 天</td></tr>
<tr><td>20 毫克</td><td>肌肉注射，1 次 /2 天</td><td>连用两次</td></tr>
<tr><td rowspan="2">土霉素</td><td>25~50 毫克</td><td>拌料服，2 次 / 天</td><td rowspan="5">2~3 天</td></tr>
<tr><td>每升水 150~250 毫克</td><td>饮水服，2 次 / 天</td></tr>
<tr><td rowspan="2">乙酰甲喹</td><td>5~10 毫克</td><td>拌料服，2 次 / 天</td></tr>
<tr><td>2.5 毫克</td><td>肌肉注射，2 次 / 天</td></tr>
<tr><td>链霉素</td><td>20~30 毫克</td><td>肌肉注射</td></tr>
</table>

注：选 1~2 种敏感药物使用。

2．中药治疗

处方一：雄黄 10%，白头翁 15%，马齿苋 15%，黄柏 10%，马尾连 15%，诃子 15%，滑石 10%，藿香 10%。

【用法】按处方配药，粉碎，混匀。按 3%~4% 混料服，连用 3 天。

处方二：白头翁 4 份，龙胆草 2 份，大黄 1 份。

【用法】按处方配药，粉碎，混匀，制成散剂。预防按每千克体重 0.2 克拌料服，连用 3 天；治疗按每千克体重 0.4~0.7 克，每天 2 次，连用 2 天。

处方三：白头翁 40 克，黄柏、黄连各 20 克，秦皮 30 克。11 日龄以上病雏加木香 25 克，桂枝、姜炭各 15 克，轻病可酌减；10 日龄以内病雏加木香、姜炭各 15 克，茯苓 20 克，同时白头翁减至 20 克。

【用法】按处方配药，加水400毫升，煎至一半，倒入另外一砂锅内放在暗火上预温备用。病雏山鸡每天服2次，每次滴服1~1.5毫升；重症每次可服2毫升；可疑病山鸡群及种鸡群每次每只滴服1.5毫升；健康山鸡群及种鸡群拌入粉料（中药汤按饲料10%拌入）喂服。

处方四：白头翁60克，龙胆草30克，黄连10克。

【用法】按处方配药，煎汤。供500只2~8日龄雏鸡服用，连用4天。

处方五：苍术、山药各30克，泽泻、白芍60克。

【用法】按处方配药，供800只7~15日龄雏鸡服用，每天1剂，连用4天。

3. 其他治疗方法

饲料中加入微生态制剂，利用生物竞争排斥的现象防止鸡白痢扩散。常用的商品制剂有促菌生和调痢生等。

促菌生：为需氧芽孢杆菌的一种活菌制剂，每片含活菌5亿，治疗时每只鸡用0.25亿~0.5亿，每天2次，有一定的效果。

调痢生：为促菌生的同类制剂，每只按20~30毫克，混入饲料或饮水中，每天1次，连服3天。必须注意的是微生态制剂不能与抗生素或磺胺类药同时服用。

4. 预防与兽医卫生

加强饲养管理，保证提供良好的营养和保证栏舍良好的温度、湿度、密度及通风等环境条件，尽量减少各种不良刺激，保证鸡群各个生长阶段的清洁卫生，杀虫灭鼠，防止粪便污染饲料、饮水、空气等。

加强检疫，净化鸡群。防治鸡白痢最关键的环节是消灭种鸡群中的带菌鸡。因此，从17周龄开始，应用全血平板凝集试验方法对鸡群连续检疫3次，每次间隔1个月。每次检出的阳性反应鸡应全部淘汰，并配合鸡舍、地面和用具等进行彻底消毒。以后每隔3个月检疫1次，直到连续两次均不出现阳性反应鸡，即可认为已建立健康种鸡群，并定期投喂敏感的抗生素加以预防。防制鸡白痢必须在使用敏感抗菌药物、中药方剂或两者同时使用的情况下，加强禽群检疫，净化鸡白痢。

十六、禽大肠杆菌病

（一）发病特点

禽大肠杆菌病是指由致病性大肠杆菌引起家禽多病型的总称。本病的特征是病型众多，临床上常见的病型有大肠杆菌性胚胎病与脐炎、败血症、母禽生殖器官病等，症状特征各有不同。剖检病禽常可见纤维素性肝周炎、心包炎（图56）、气囊炎、腹膜炎及眼炎、脑炎、关节炎、肠炎、脐炎、生殖器官炎症（图57、图58）和肉芽肿等病理变化。

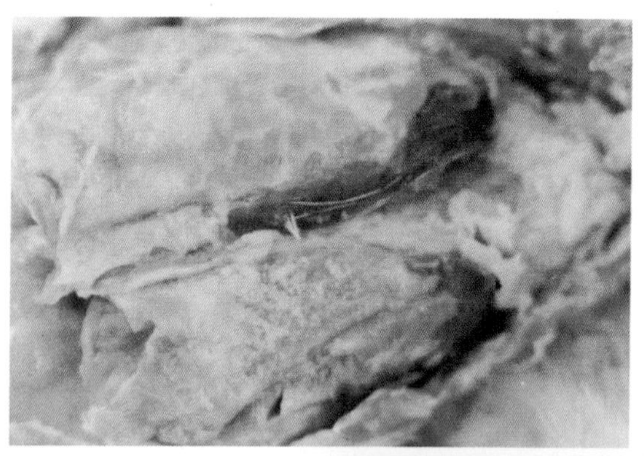

图56 禽大肠杆菌病患鹅肝脏和心脏外膜附着黄白色纤维素性渗出物

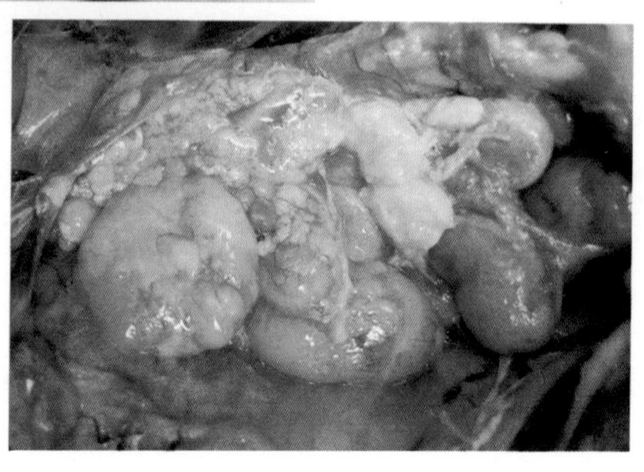

图57 大肠杆菌病患鹅卵泡变形、破裂，导致卵黄性腹膜炎

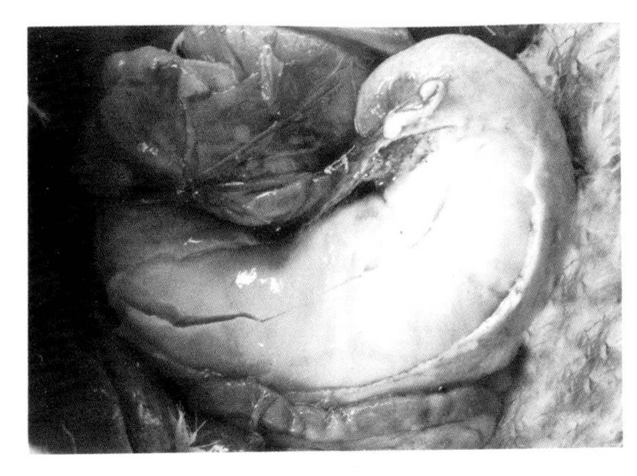

图 58　大肠杆菌病患鹅输卵管内有大量纤维素性渗出物凝结成的栓子

（二）综合防治

1. 化学药物治疗

见表 18。

表 18　化学药物治疗大肠杆菌病

药　名	每千克体重用量	使用方法	服药时间
乳酸环丙沙星	2.5~5 毫克	肌肉注射，2 次 / 天	2~3 天
环丙沙星可溶性粉	每升水 50 毫克	饮水服，2 次 / 天	
盐酸环丙沙星	每千克饲料 100 毫克	拌料服	
庆大霉素	5~7.5 毫克	肌肉注射，2 次 / 天	
丁胺卡那霉素	5~7.5 毫克	肌肉注射，2 次 / 天	
氟甲砜霉素	20~30 毫克	拌料服，2 次 / 天	3~5 天
	20 毫克	肌肉注射，1 次 /2 天	
乙酰甲喹	5~10 毫克	拌料服，2 次 / 天	
	2.5 毫克	肌肉注射，2 次 / 天	
壮观霉素	每升水 500~1 000（效价）	饮水服，2 次 / 天	

注：选 1~2 种敏感药物使用。

禽大肠杆菌对多种药物敏感，但其敏感性易变，应注意合理用药、联合用药及轮换用药。因此，应定期对本禽场的大肠杆菌进行药敏试验以指导临床用药。在种禽、蛋禽群应避免使用磺胺类等应激性较强的药物，以免引起产蛋量下降。

2. 中药治疗

处方一：胆南星、石菖蒲各50克，党参、麦冬、苍术各75克。

【用法】按处方配药，每只鸡每天用量为胆南星、石菖蒲各0.05克，党参、麦冬、苍术各0.075克，煎汤拌料服，连用3天。

处方二：黄柏100克，黄连100克，大黄50克。

【用法】按处方配药，加水1 500毫升，煎至1 000毫升，将煎汤加水10倍供1 000只雏鸡自由饮用，每天1剂，连用3天。

处方三：白头翁120克，黄连50克，黄芩80克，黄柏80克，连翘75克，金银花85克，白芍70克，地榆90克，栀子70克。

【用法】按处方配药，煎汤供200只母鹅服用，每天2剂，连用2~3天。

处方四：苍术30克，厚朴20克，陈皮20克，黄连15克，黄柏、黄芩各30克，大黄5克，甘草10克。

【用法】按处方配药，粉碎，混匀。供100只鸡拌料服1天，连用3天。

处方五：苍术30克，厚朴20克，陈皮20克，甘草10克，党参20克，黄芪30克，生地20克，元参20克。

【用法】按处方配药，粉碎，混匀。供100只鸡拌1天的饲料服，连用3天。

3. 免疫预防与兽医卫生

根据本病的流行特点、家禽的生长和气候变化规律有目的有计划地在本病的高发期注意加强饲养管理，提高禽体的抵抗力。此外，应搞好环境卫生，尤其是饮水和饲料的卫生，控制好水禽活动的水域卫生，使环境中致病菌的浓度降至最低。

对常发病禽群可考虑分离当地（本场）的致病性大肠杆菌菌株，确定优势菌株（致病力强，抗原具有代表性的菌株）制成自家灭活苗，或将本场分离的菌株与常见血清型的标准菌株（如O_1、O_2、O_{78}等）制成多价灭活苗，肉禽群于1周龄作第一次免疫，2周龄作第二次免疫；种禽在开产前和产蛋中期各加强免疫一次，可取得较好的效果。

十七、鸭疫里氏杆菌病

（一）发病特点

鸭疫里氏杆菌病以前曾被称为鸭疫巴氏杆菌病，又称传染性浆膜炎，是由鸭疫里默氏杆菌引起雏鸭的一种急性败血性传染病。本病的临床症状表现为困顿，厌食，眼和鼻有分泌物，鼻窦和眶下窦部位高度肿胀（图59），关节发炎，关节腔内液体明显增多（图60），下痢，共济失调和抽搐；慢性病例表现为斜颈或呼吸困难。病理特点为纤维素性心包炎、气囊炎、肝周炎（图61、图62）以及脑膜炎等。患鸭常可见脚底皮肤损伤（图63）。

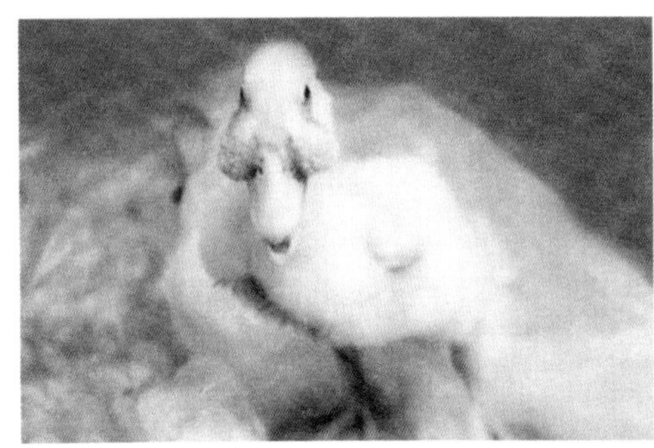

图59 鸭疫里氏杆菌病患鸭鼻窦和眶下窦部位高度肿胀

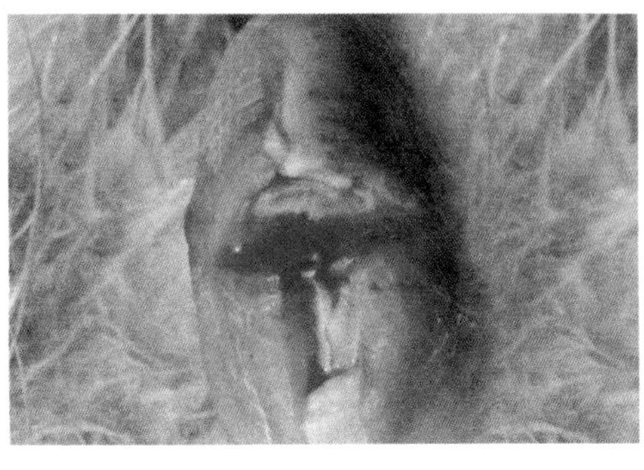

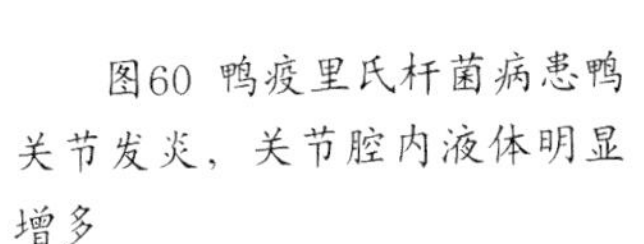

图60 鸭疫里氏杆菌病患鸭关节发炎，关节腔内液体明显增多

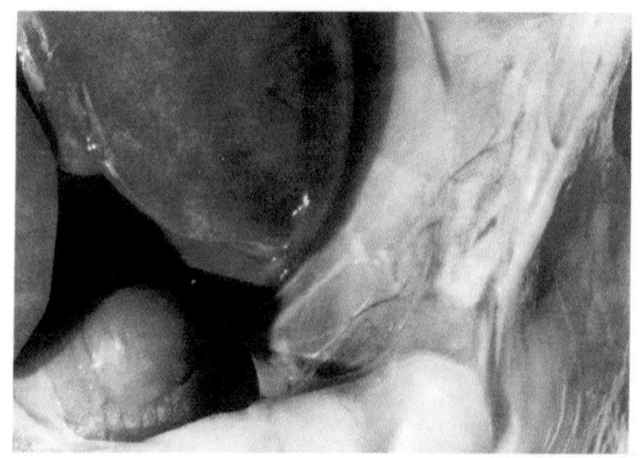

图61 鸭疫里氏杆菌病患鸭气囊发炎，增厚并见有黄白色渗出物

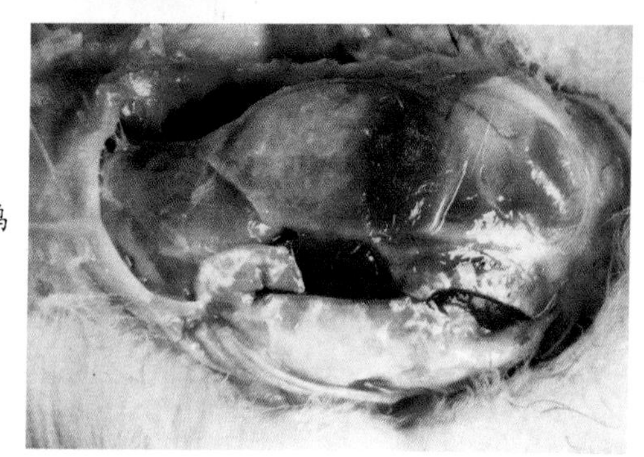

图62 鸭疫里氏杆菌病患鸭呈现纤维素性心包炎和肝周炎

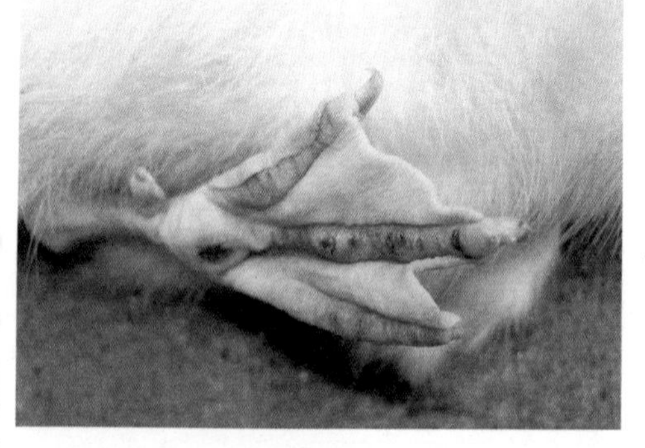

图63 患鸭脚底皮肤损伤是鸭疫里氏杆菌感染的重要途径

（二）综合防治

1. 化学药物治疗

见表19。

表19　化学药物治疗鸭疫里氏杆菌病

药　名	每千克体重用量	使用方法	服药时间
恩诺沙星	5~7.5 毫克	拌料服	2~3 天
	每升水 50~75 毫克	饮水服	
	2.5~5 毫克	肌肉注射，2 次 / 天	
庆大霉素	5~7.5 毫克		
丁胺卡那霉素	5~7.5 毫克		
壮观霉素	每升水 500~1 000 毫克（效价）	饮水服，2 次 / 天	3~5 天
新霉素	每升水 200~300 毫克（效价）	饮水服，2 次 / 天	2~3 天
	每吨饲料 22~44 克	拌料服	
先锋霉素	1 日龄雏鸭，每只 0.1 毫克	肌肉注射	
磺胺喹噁啉钠	每升水 500~1 000 毫克（效价）	饮水服，2 次 / 天	3~5 天

注：选 1~2 种敏感药物使用。

2．微生态制剂的应用

给雏鸭适量投喂微生态制剂，如强力益生素、促菌生等调节雏鸭肠道内的生态环境，增强有益菌群的生长繁殖，抑制有害细菌的生长繁殖，有利于本病的防治，但不能与抗生素同时使用。

3．免疫预防与兽医卫生

加强饲养管理，调整合理的饲养密度，提供柔软平整的运动场地，清除棚架上的钉头、铁丝等尖锐物品，保持鸭群活动水域的消毒和清洁卫生，坚持对水槽、料盆等器具与场地的清洁与消毒，尽量减少其他不良刺激因素，对本病的防治具有重要意义。

可试用本场分离的菌株制备本场的灭活疫苗作免疫接种。常用的免疫程序是：首免于小鸭 3~5 日龄每只皮下注射 0.25~0.5 毫升；二免于小鸭的 9~10 日龄每只皮下注射 0.5~1.0 毫升。

十八、传染性鼻炎

（一）发病特点

传染性鼻炎是由副鸡嗜血杆菌引起禽的一种急性呼吸道疾病。自然感染潜伏期一般为2~3天。易感鸡群可在数周内传遍全群。病禽表现为鼻孔流出稀薄的水样鼻涕，减料和减水，产蛋量下降，育成鸡群由于生长受阻而增大淘汰率；严重病例鼻孔周围可形成淡黄色的结痂（图64），颜面水肿，眼结膜炎（图65）。

图 64 鸡传染性鼻炎患鸡眶下窦高度肿胀，鼻孔有黄白色分泌物

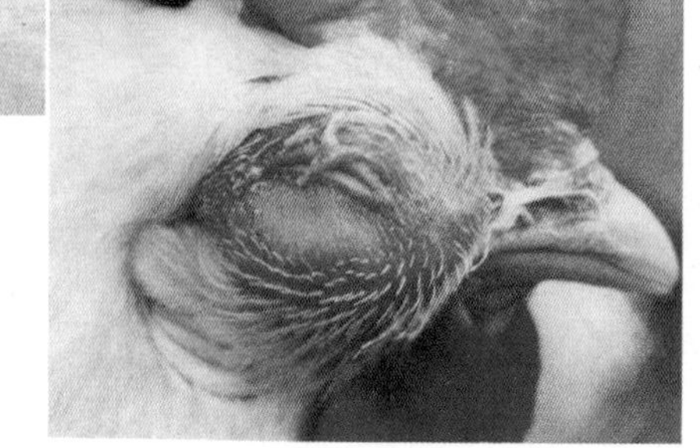

图65 鸡传染性鼻炎患鸡流泪颜面肿胀

（二）综合防治

1. 化学药物治疗

见表20。

表20　化学药物治疗鸡传染性鼻炎

药　名	每千克体重用量	使用方法	服药时间
硫酸链霉素	20~30毫克	肌肉注射，2次/天	2~3天
泰乐菌素	每升水500毫克（效价）	混饮	3~5天
	每吨饲料4~50克	混饲	
	10~20毫克	肌肉注射，2次/天	5~7天
庆大霉素	5~7.5毫克		2~3天
红霉素	每升水125毫克（效价）	混饮	3~5天

注：选1~2种敏感药物使用。

2．中药治疗

处方一：白芷、防风、益母草、乌梅、猪苓、诃子、泽泻各100克，辛夷、桔梗、黄芩、半夏、生姜、葶苈子、甘草各80克。

【用法】按处方配药，各药共为细末，供100只鸡拌3天的饲料服用，连用3天。

处方二：大青叶、鱼腥草各100克，银花藤、连翘、青蒿、法半夏、桔梗各60克，石菖蒲20克，樟脑0.3~0.5克。

【用法】按处方配药，煎汁供100只鸡拌料服或作饮水喂服，连用3天。

3．免疫预防与兽医卫生

本病的发生与一些引起鸡群应激的不良因素有密切关系，因此加强平时的饲养管理，饲喂营养合理的全价饲料，做好环境的清洁工作及不定期的消毒，提高鸡群的抵抗力，对预防本病有积极的意义。

在本病多发区域，可采用传染性鼻炎二价（A、C型）灭活疫苗，一般于30~45日龄注射1次（每只0.5毫升），产蛋前5~10天注射1次（每只1.0毫升），发病时也可紧急接种（每只1.0~1.5毫升），可获得良好的防治效果。

十九、禽曲霉菌病

（一）发病特点

禽曲霉菌病是由曲霉菌引起的一种真菌性呼吸道传染病。病征是患禽喘气、咳嗽，肺、气囊、胸腹腔浆膜形成曲霉性结节或菌斑（图 66）。发霉的垫料和粪便是本病重要的诱发因素（图 67）。

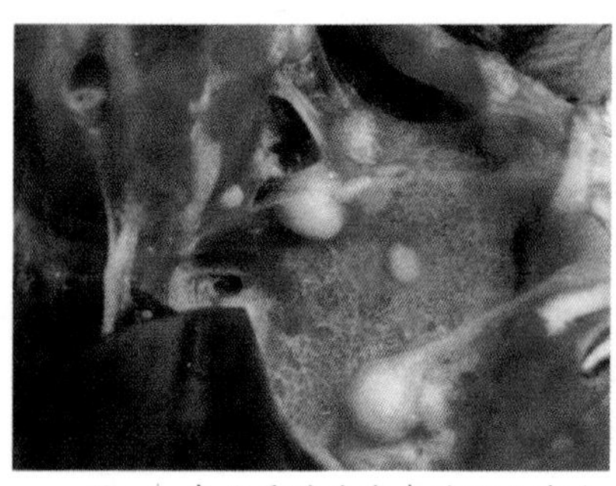

图 66 禽曲霉菌病患禽肺脏上有大小不一的黄白色霉菌性结节

图 67 禽舍发霉的垫料和粪便是发病的重要诱因

（二）综合防治

1. 化学药物治疗

见表 21。

表 21 化学药物治疗禽曲霉菌病

药 名	用 量	使用方法	服药时间
制霉菌素	每 100 羽雏鸡 50 万单位	饮水服，2 次 / 天	2~4 天
	每千克饲料添加量 50 万 ~100 万单位（鹅口疮）	拌料服	1~3 周
克霉唑	每 100 羽雏鸡 1 克	拌料服	3~5 天

注：选 1~2 种药物使用。

2. 中药治疗

处方一：鱼腥草100克，蒲公英50克，筋骨草25克，山海螺50克，桔梗25克。

【用法】按处方配药，煎汤代替饮水供100只10~20日龄雏鸡饮用，连用2周。

处方二：鱼腥草360克，蒲公英180克，黄芩、葶苈子、桔梗、苦参各90克。

【用法】按处方配药，各药共为末，混匀。每只雏鸡每次用约0.5克，1天3次，连用3~5天，混于饲料中喂服。

处方三：黄芩2.5克，维生素C 100毫克，维生素K 400毫克。

【用法】按处方配药，供1只成年鸡用，拌料服，同时在饲料中加1%奶粉，连用10天。

处方四：桔梗、鸡矢藤各25克，鱼腥草、蒲公英、苏叶、山海螺、羊乳各50克。

【用法】按处方配药，煎汤供100羽10~20天雏鸡1天服用，连用7天

3. 预防与兽医卫生

预防本病的措施主要在于保持良好的卫生环境。保证环境清洁，加强通风，控制栏舍、孵化房的湿度，抑制霉菌生长是最有效的预防措施。不喂潮湿发霉的饲料，不铺潮湿发霉的垫料，改善产卵巢的卫生和种蛋贮藏室的条件，并及时收蛋以防止在孵化过程中鸡胚感染。如果已发生曲霉菌病尤其是有雏家禽感染肺炎时，应立即更换发霉的垫料，停喂发霉的饲料，淘汰已发病的雏鸡，彻底清扫，消毒育雏室。

二十、白色念珠菌病

（一）发病特点

白色念珠菌病又名鹅口疮，是由白色念珠菌引起禽类上消化道发炎的一种真菌性疾病，目前最多见于鸽，且多与毛滴虫病合并感染。本病的病理变化特征为病禽的口腔、食道、嗉囊黏膜形成白色念珠菌性假膜，见图68。

图68 白色念珠菌病患禽素囊黏膜上有黄白色豆渣状假膜

（二）综合防治

1. 化学药物治疗

因为真菌病较细菌病顽固，用药时间需稍长方能奏效。用药治疗见表22。

表22　化学药物治疗白色念珠菌病

药　名	用　量	使用方法	服药时间
制霉菌素	每千克饲料 50~100 毫克	拌料服	1~3 周
克霉唑	每千克饲料 300~500 毫克	拌料服	

2．预防与兽医卫生

改善禽群环境卫生条件，减少拥挤、闷热、通风不良等应激因素的影响，避免长期不间断使用抗生素，尤其是广谱抗生素制剂。发病时要加强消毒，可用1%氢氧化钠溶液或2%甲醛溶液消毒鸽舍、地面和用具。注意检查病鸽，并加以隔离，治疗时可先除去口腔内假膜，涂上紫药水，再喂制霉菌素。也可用0.01%的龙胆紫或0.02%的雷凡诺尔（利凡诺、乳酸依沙吖啶）溶液作饮水用，连用数天。

二十一、禽支原体病

（一）发病特点

禽支原体病又称鸡败血支原体病、慢性呼吸道病、鸡败血霉形体病，是由鸡毒支原体引起鸡和火鸡等禽类的一种呼吸道疾病。病鸡的特征表现是咳嗽、喘气、呼吸啰音及发生气囊炎、眼炎（图69）、鼻窦炎等。病理变化为腹腔内有黄白色奶油状渗出物（图70），气囊增厚，有黄白色奶油状渗出物附着（图71）。滑液囊支原体感染是由滑液囊支原体引起鸡和火鸡等禽类的以滑膜炎、腱鞘滑膜炎为特征的急性或慢性感染，亦可导致气囊炎。滑液囊支原体特征为咳嗽、流鼻涕和呼吸时发生啰音。

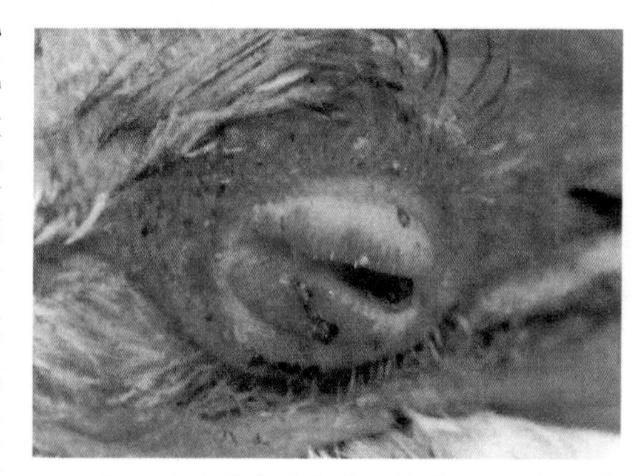

图69 禽支原体病患鸡眼结膜发炎，肿胀，内有干酪样渗出物

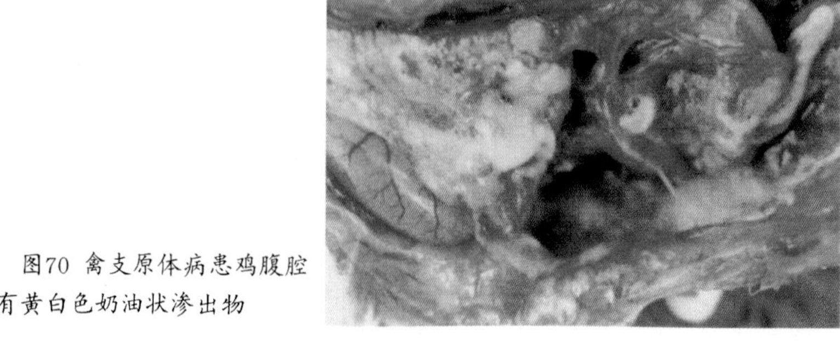

图70 禽支原体病患鸡腹腔内有黄白色奶油状渗出物

图71 禽支原体病患鸡气囊增厚，有黄白色奶油状渗出物附着

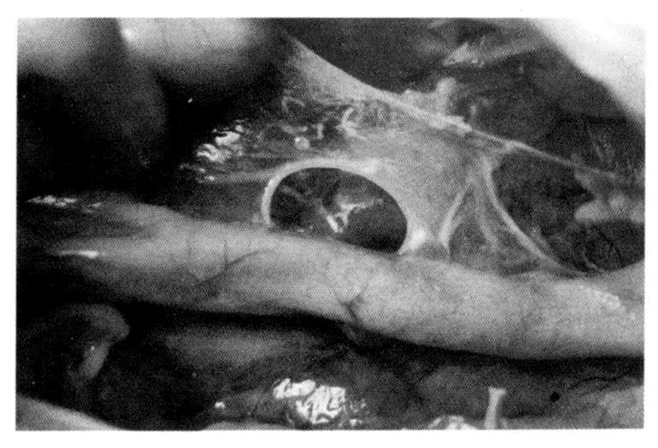

（二）综合防治

1．化学药物治疗

见表23。

表23 化学药物治疗禽支原体病

药　名	每千克体重用量	使用方法	服药时间
泰乐菌素	每升水500毫克（效价）	混饮	3~5天
	每吨饲料40克	混饲	
	10~20毫克	肌内注射	5~7天
丁胺卡那霉素	5~7.5毫克	肌肉注射，2次/天	2~3天
红霉素	每升水125毫克（效价）	混饮	3~5天
恩诺沙星	5~7.5毫克	拌料服	2~3天
	每升水50~75毫克	饮水服	
	2.5~5毫克	肌肉注射，2次/天	
壮观霉素	每升水500~1 000毫克（效价）	饮水服，2次/天	3~5天
强力霉素	每吨饲料100~200克	混饲	2~3天
	每升水50~100毫克	饮水服	
北里霉素	每吨饲料100~200克	混饲，2次/天	2~3天
	每升水250~500毫克	饮水服，2次/天	
林可霉素	每吨饲料22~44克	混饲	1~3周
	每升水200~300毫克	饮水服	3~5天

注：选1~2种敏感药物使用。

2．中药治疗

处方一：麻黄、葶苈子、甘草、紫苏子各7克，款冬花、金银花、连翘各8克，杏仁、石膏、知母、黄芩、桔梗各9克。

【用法】按处方配药，每剂二煎，煎后取药液加冷水适量供100羽1.5千克重的鸡自饮，雏鸡用量酌减，每天1剂连用3~5天。

处方二：厚朴15克，麻黄9克，石膏24克，杏仁9克，半夏12克，干姜6克，细辛3克，五味子6克，浮小麦9克。

【用法】寒甚者重用干姜，稍减石膏；风寒所致加辛荑、桔梗；热甚者加瓜蒌、黄芩，减少干姜；风热所致者加柴胡、前胡适量。每羽0.5克/次，早晚各1次，连用2~3天，饮水和饲料各加煎汤一半。

处方三：黄连、黄芩、黄柏、栀子、黄药子、白药子、款冬花、知母、贝母、郁金、秦艽、甘草各10克，大黄5克。

【用法】温开水煎汤供100只成年鸡服用，连用2~3天。

处方四：鱼腥草100克，黄连、连翘、板蓝根各40克，麻黄25克，贝母30克，枇杷叶90克，款冬花、甜杏仁、桔梗各25克，姜半夏30克，生甘草25克。

【用法】按处方配药，粉碎，混匀。25~30日龄肉鸡，每羽每天用生药1克，煎汤，上下午分别混饮1次，连用4~6天。

3. 免疫预防与兽医卫生

预防本病要加强饲养管理，严格控制疫病传入，减少应激，尽可能降低饲养密度，及时清除粪便及更换垫料，减少栏舍内氨气及其他废气的浓度，适当投喂维生素A、维生素E等，增强家禽黏膜的抵抗力，防止过热或过冷等应激因素的作用，同时坚持对鸡群实施经常性的带鸡消毒工作，对预防本病发生也很重要。并加强对种蛋在收集、孵化及出雏过程中的卫生消毒与管理，切断本病垂直传播的途径。

对发病鸡群可采取敏感药物通过注射或口服等途径予以治疗，并在用够疗程的基础上注意联合用药与穿梭用药。

免疫预防可采用鸡毒支原体感染–滑液囊支原体感染二联油乳剂灭活苗在种禽群产蛋前15~20天和产蛋中期作免疫接种（皮下注射或肌肉注射），剂量依次为0.5~1.0毫升/只，1.0~1.5毫升/只；对肉用小鸡可于15~20日龄经皮下接种该疫苗，0.3~0.5毫升/只，必要时可于首次免疫2周后加强接种1次0.5~1.0毫升/只。

二十二、球虫病

（一）发病特点

鸡球虫病是由8种艾美耳球虫寄生于鸡肠黏膜上皮细胞引起的一种原虫病，对雏鸡的危害最为严重，往往造成巨大经济损失。症状为腹泻、便血、鸡冠苍白、食欲下降。剖检见肠道炎症、出血，见图72。

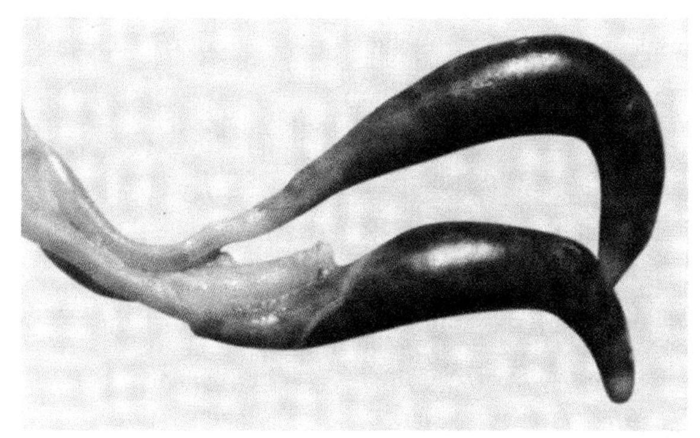

图72 球虫病患鸡盲肠肿胀出血，内容物呈红褐色

鹅球虫病是艾美耳球虫寄生于鹅肠道或肾脏而引起的一种以下痢和肾功能障碍为特征的原虫病。引起鹅肾球虫病的主要是截形艾美耳球虫，引起鹅肠道球虫病的是艾美耳球虫。前者多见于雏鹅，病鹅沉郁，废食，下白痢，脱羽。剖检见肾脏肿大，呈灰黄色，有白色坏死灶或出血斑，尿酸盐沉积。后者可见病鹅食欲减退，腹泻带血，衰竭死亡，剖检见小肠肿大，肠腔充满棕色液体或含有褐色“栓子”样渗出物。

鸭球虫病一般认为由艾美耳属、温扬属和泰泽属球虫寄生于鸭肠道引起的一种以消瘦、贫血、生产性能下降及致死率较高为特征的原虫病。鸭球虫病以雏鸭发病率和死亡率较高。主要侵害肠道，引起肠道黏膜充血、出血，见图73。

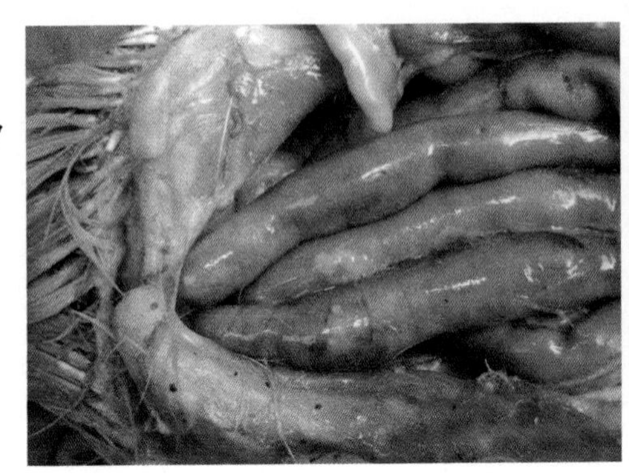

图 73　球虫病患鸭盲肠肿胀，内有出血和坏死灶

（二）综合防治

1．化学药物治疗

合理应用抗球虫药是控制球虫病的主要手段之一。球虫易对药物产生抗药性，但球虫需连续多代接触药物方会形成耐药性。所以在使用抗球虫药时，除选择高效、低毒并按规定的用药浓度使用外，还应轮换使用不同药性峰期的药物，以防止出现耐药虫株。药物治疗见表 24。

表 24　化学药物治疗鸡球虫病

药　名	每千克体重用量	使用方法	服药时间
青霉素	成鸡 5 万单位	肌肉注射，2 次 / 天	2~3 天
磺胺喹噁啉钠	每升水 3~5 克	饮水服，2 次 / 天	
马杜拉霉素	每吨饲料 50 克	混饲，2 次 / 天	
氨丙啉	每升水 60~240 毫克	饮水服，2 次 / 天	
	每吨饲料 500 克	混饲，2 次 / 天	5~7 天
常山酮			
三字球虫粉 （黄胺氯吡嗪）	每吨饲料 2 000 克	混饲，2 次 / 天	3~5 天
	每升水 1 克	饮水服，2 次 / 天	2~3 天
地克株利	每升水 0.5~ 1 毫克		
	每吨饲料 1 克	混饲，2 次 / 天	5~7 天
莫能霉素	每吨饲料 90~110 克		
盐霉素	每吨饲料 60 克		
拉沙洛菌素	每吨饲料 75~125 克		
克球粉（氯羚吡啶）	每吨饲料 500 克	混饲，2 次 / 天	5~7 天

注：选 1~2 种敏感药物使用。

2. 中药治疗

处方一：黄芪10克，白头翁15克，苍术10克，乌梅10克，苦参12克，黄柏12克，地榆12克，白茅根12克，薏苡仁7克。

【用法】按处方配药，各药共为末，混匀。按0.5%混料喂服。

处方二：常山250克，柴胡90克，苦参185克，青蒿100克，地榆炭90克，白茅根90克。

【用法】按处方配药，煎汤，浓缩至280毫升，稀释后拌于40千克饲料中作治疗用；或各药共为末，在饲料中添加0.5%作预防用。

处方三：青蒿60克，常山35克，草果20克，生姜30克，柴胡45克，白芍40克，甘草20克。

【用法】按处方配药，煎汤去渣，拌料供100羽50日龄鸡，自由采食，1剂药煎2次，每天上下午各喂1次，连用3~5天。

处方四：黄连、黄柏、黄芩、大黄各10克，紫草15克。

【用法】按处方配药，煎汤去渣，供20只30日龄雏鸡拌料或饮水服用，连用3~5天。

处方五：地榆50克，白头翁50克，鲜铁苋叶150克，鲜旱莲草150克，鲜凤尾草50克，鲜地锦草150克，鲜刺苋叶50克，甘草20克。

【用法】按处方配药，煎汤供100羽鸭自由服用，严重者灌服，连用3剂。

处方六：白头翁20克，苦参10克，黄连5克。

【用法】按处方配药，煎汤供100只3周以内雏鸡服用，每天1次，4周以上小鸡，每天2次，连用3~5天。

处方七：青蒿、常山各80克，地榆、白芍各60克，茵陈、黄柏各50克。

【用法】按处方配药，各药粉碎过筛混匀，按1.5%拌料喂服，连用7天

鹅、鸭、鸽球虫病的防制可参考鸡球虫病防治方法。

3. 免疫预防与兽医卫生

预防本病的主要环节是切断球虫体外生活史，及时清除粪便，勤于更换垫料，保持禽舍的通风和干爽，维持适当的饲养密度，最好采用棚

养，尽量减少鸡群接触粪便的机会，减少粪便对饲料或饮水的污染，定期消毒场地，降低环境中球虫卵囊的数量。

目前可供免疫预防使用的疫苗有强毒苗和弱毒苗两种。据报道，国内研制成功晚系球虫苗 Euerival 以及早中晚熟系联合球虫苗 Einerival Plus 具有较好效果，使用方法包括拌料和混入饮水中接种。拌料免疫时间在 1~3 日龄（最好在 1 日龄），免疫前后 24 小时不要给鸡群使用任何药物和消毒剂，将 1 000 头份的疫苗按每只鸡 1 头份的剂量，用 500 毫升清水稀释后均匀地喷洒在饲料表面并搅拌均匀，要注意保证混有疫苗的饲料在 24 小时内吃完；饮水免疫时间为 4~14 天龄（最好在 10 天龄进行），免疫前后 24 小时内鸡群停用任何药物与消毒剂，每 1 000 头份疫苗（按每只鸡 1 头份计算）用 7 500 毫升清水稀释，然后供鸡群饮用。为防止疫苗卵囊因密度大而沉降，应在疫苗溶液中加入适量悬浮剂。还应注意，饮水免疫前视天气情况适当停水 4~6 小时，并保证充足饮水器，以保证所有鸡只饮到含有疫苗的饮水。另外，应用强毒疫苗时，必须确保在接种时所有鸡只同时都能接触到疫苗，即不应存在漏免的鸡只，以免人为造成发病；病鸡不适合免疫；网养或笼养鸡群免疫效果差。如果鸡群在 18 周龄内转舍，需进行第二次免疫，使用球虫疫苗时，可同时应用其他细菌或病毒疫苗。

二十三、卡氏住白细胞虫病

（一）发病特点

卡氏住白细胞虫病又称白冠病，出血性病，是由卡氏住白细胞虫寄生在鸡的白细胞和红细胞内引起的一种急性高致死率的血液原虫病。其特征症状是患鸡冠髯苍白，血样下痢，猝死。部分患鸡死前咯血。特征病理变化是全身组织器官形成灰白色小结节和斑点状出血或血肿（图74、图75）。

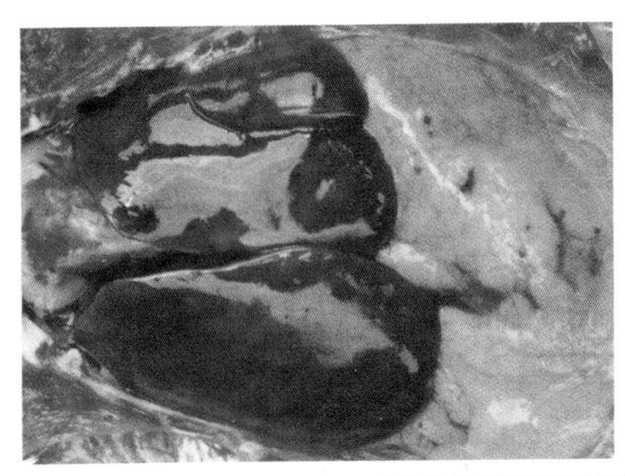

图74 卡氏住白细胞虫病患鸡腹腔脂肪表面有大小不一的出血点

图75 卡氏住白细胞虫病患鸡胸部肌肉可见灰白色粟粒大小结节

（二）综合防治

1. 化学药物治疗

见表25。

表25　化学药物治疗卡氏住白细胞病

<table>
<tr><th>药　名</th><th>用　量</th><th>使用方法</th><th>服药时间</th></tr>
<tr><td>复方敌菌净</td><td>每吨饲料500~1 000克</td><td>混饲，2次/天</td><td>4~5天</td></tr>
<tr><td>可爱丹</td><td>每吨饲料1 000克</td><td rowspan="2">混饲，2次/天</td><td>3~4天</td></tr>
<tr><td>乙胺嘧啶</td><td>每吨饲料215克</td><td rowspan="3">3~5天</td></tr>
<tr><td>乙胺嘧啶</td><td>每吨饲料4克</td><td rowspan="2">混合后混饲，2次/天</td></tr>
<tr><td>磺胺二甲嘧啶</td><td>每吨饲料40克</td></tr>
</table>

注：选1~2种敏感药物使用。

2. 中药治疗

处方：生石膏、寒水石各2克，穿心莲3克，山香菜1克，皂角刺0.5克，雄黄0.3克，冰片0.2克，复方敌菌净1克。

【用法】按处方配药，各药粉碎为末混匀，一次量按每千克体重服0.5克，每天2次。或按1%比例混饲服，连用2天。

3. 预防与兽医卫生

消灭库蠓是预防本病的重要环节。在本病流行季节使用敌百虫或除虫菊酯等杀虫剂喷洒水沟、积粪等，并随时清除栏舍内外积水，有助于防止库蠓的滋生。淘汰带虫鸡；曾发生过本病的鸡场应对鸡群进行预防性给药，以防止本病的发生。

二十四、绦虫病

（一）发病特点

绦虫病是家禽常见的蠕虫病之一。鸡绦虫病主要由赖利绦虫和戴文绦虫寄生在鸡小肠引起。剑带属的方形剑带绦虫为鸭、鹅绦虫病的主要病原，主要寄生于水禽的小肠，中间宿主是剑水蚤。发生绦虫病的患禽主要症状为下痢，粪便稀薄，有时带血或带有脱落的虫节片。剖检可见肠道内有或多或少的绦虫虫体（图 76），小肠黏膜充血或出血，胴体消瘦，部分病例发生皮下水肿。

图76 绦虫病患禽肠道内可见完整的乳白色长矛状绦虫

（二）综合防治

1. 化学药物治疗

见表 26。

表 26　化学药物治疗禽绦虫病

药 名	每千克体重用量	使用方法	服药时间
氯硝柳胺	50~60 毫克	混饲内服，2 次 / 天	3~5 天
吡喹酮	10~20 毫克		3~5 天
氢溴酸槟榔碱	1~2 毫克		2~3 天

注：鹅鸭对氢溴酸槟榔碱耐受性强，一般不会产生中毒反应，但遇有严重中毒病例，可用阿托品解救。

2. 中药治疗

处方一：槟榔粉或槟榔片。

【用法】每千克体重一次量0.5~0.75克。煎剂的煎法：槟榔粉50克，水1 000毫升煎成750毫升的槟榔液（约煮30分钟），去渣即成，250克重的鹅、鸭喂3~4毫升；500克重的鹅、鸭喂5毫升。投药后10~15分钟即开始排虫。30分左右排虫最多。

【注意事项】在大群驱虫前，必须先以15~20只患禽做驱虫试验，取得经验后再全面进行。鹅鸭一般在晚上20:00喂料后，停食12小时，第二天上午8:00空腹投药。投药后供给充足饮水。在驱虫1~2小时，应注意观察检查粪便内的虫体，将粪便集中堆沤，杀灭虫卵。投药15~30分钟若出现口吐白沫，发抖，站立不稳的中毒症状，可及时肌肉注射硫酸阿托品0.2~0.5毫升（每毫升含阿托品0.5毫克），几分钟内症状消失。若患禽已倒地时再注射阿托品常无法抢救，应予注意。20天左右的雏鸭和瘦弱鹅、鸭，药量应减为每千克体重0.33克。

处方二：槟榔300克，贯众280克，红石榴皮280克，木香300克，炒枳壳280克，大黄280克，茯苓300克，泽泻300克。

【作用】杀虫驱虫，行气健脾。主治鸭绦虫病。

【用法】按处方配药，煎汤供1 400只成年鸭饮服。

处方二：仙鹤草根和根上发出的芽。

【用法】研末，用少量面粉和水制成重1~2克的药丸。每千克体重服1丸，连用1~2次。鹤草根芽亦可制成浸膏，按每千克体重内服150毫克。

处方三：槟榔100克，南瓜子150克。

【用法】按处方配药，共研为末，混匀。内服，一次量为每千克体重

1~2 克，每天 2 次，连用 2~3 天。

3. 预防与兽医卫生

定期清扫鸡舍和运动场，将收集到的粪便和垫料堆积发酵，以杀死其中的虫卵；彻底清除鸡场的垃圾，填平低洼潮湿的地方，以减少甲虫、苍蝇等中间宿主藏身之处；寻找蚁冢，用杀虫剂进行处理；将幼鸡和成鸡分开饲养。对于水禽要尽量在流动的水域放牧，以避免接触中间宿主——剑水蚤。对已被污染的池塘，在有可能的情况下干水清塘，以杀死水塘中的剑水蚤。经常检查鹅、鸭群，如发现有感染病例，要对禽群进行驱虫，驱虫后禽群的粪便应进行堆沤，利用生物热把虫卵杀死。

二十五、鸡蛔虫病

（一）发病特点

鸡蛔虫病是由禽蛔科禽蛔属的鸡蛔虫寄生于鸡、火鸡、鸽、鸭、鹅等禽类小肠所引起的一种常见的散发性的蠕虫病。病禽症状为消瘦、精神萎靡、行动迟缓、产蛋下降。剖检可见小肠有蛔虫（图 77）。用饱和盐水漂浮法检查粪便，可见蛔虫虫卵呈椭圆形，灰褐色，卵壳光滑，内有单个胚细胞，70~90 微米 × 47~51 微米。

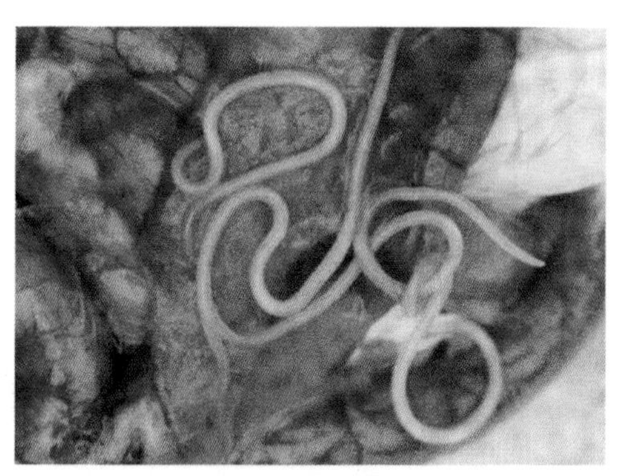

图77 禽蛔虫病患鹅肠道内可见数条线状的黄白色鸡蛔虫成虫

（二）综合防治

1. 化学药物治疗

见表 27。

表 27　化学药物治疗鸡蛔虫病

药　名	每千克体重用量	使用方法	服药时间
盐酸左旋咪唑	25 毫克	内服、皮下或肌肉注射	3~5 天
丙硫咪唑	10~20 毫克	混饲内服，2 次 / 天	2~3 天
枸橼酸哌嗪	200~250 毫克		

注：选 1~2 种敏感药物使用。

2. 中药治疗

处方一：烟草末。

【用法】按 2% 拌料服。每天上、下午各喂 1 次，连续喂 3~4 周。

处方二：苦楝树 2 层皮 1 份，使君子 2 份。

【用法】两药研细末加面粉适量，水调，做成黄豆大的丸子。每只鸡每次服 1 丸。

处方三：南瓜子 100 克。

【用法】将南瓜子 100 克，焙焦，研末，拌米饭喂 5 只成年鸡。

3. 预防与兽医卫生

尽可能将地面育雏改为网上育雏或笼养。将小鸡与成鸡分群饲养，不用公共运动场和牧地。因为成鸡多是带虫者，能通过粪便而散播虫卵。运动场内不要有潮湿和积水，每天要清除运动场和鸡舍的粪便。粪便要堆沤，使粪便发热，把虫卵杀死。

在本病流行的地区或禽场，每年对种禽场定期驱虫 1~2 次，肉鸡群在 2 月龄驱虫 1 次。

二十六、鸽毛滴虫病

（一）发病特点

鸽毛滴虫病是由禽毛滴虫（也称鸡毛滴虫、鸽毛滴虫）寄生于鸽消化道引起的一种以消化道黏膜溃疡为特征的原虫病。为鸽场常见的原虫病，且常与白色念珠菌合并感染。在鸽场中，消化道带虫的母鸽常在哺喂乳鸽时将滴虫随“鸽乳”传给乳鸽，另外，虫体也可通过被污染的饲料和饮水而传播。患鸽主要症状是精神委顿，羽毛松乱，口腔流出恶臭的浅绿色或浅黄色的黏液，病鸽逐渐消瘦死亡。剖检时可见口腔黏膜表面有由灰白色至灰黄色干酪样伪膜覆盖的坏死病灶，有时多个小病灶相互融合，并延伸到食道嗉囊等部位（图 78）。本病还可引起以肠炎和排稀粪为主的下消化道感染。

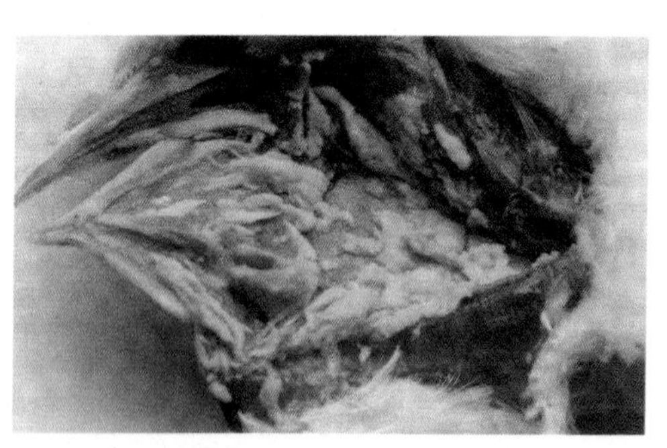

图78 鸽毛滴虫病患鸽口腔和食道内充满豆渣状黄白色渗出物

（二）综合防治

1．化学药物治疗

见表28。

表28　化学药物治疗鸽毛滴虫病

药　名	每千克体重用量	使用方法	服药时间
甲硝唑	每升水500毫克	饮水服，2次/天	连用7天
二甲硝咪唑	每吨饲料80~500克	混饲内服，2次/天	3~5天

注：选1~2种敏感药物使用。

2．预防与兽医卫生

加强卫生管理，切断传染来源是预防本病的主要手段，特别是在引种时，要认真检疫，杜绝引入带虫种鸽。感染鸽群可用甲硝唑、二甲硝咪唑进行治疗。同时在饲料中添加维生素A、维生素D、维生素E等以提高鸽体抗病力，同时防止白色念珠菌的合并感染亦有益于防制本病。

二十七、维生素A缺乏症

（一）发病特点

维生素A缺乏症是由于维生素A缺乏引起的一种营养性疾病。维生素A是构成眼内视网膜细胞感光物质“视光质”的成分，它还能维持消化道、呼吸道、生殖道等黏膜组织的完整性，并促进幼禽的生长发育。如果鸡饲料中维生素A含量不能满足鸡的营养需要，便会发生维生素A缺乏症。饲养管理差、运动不足、矿物质缺乏和胃肠道疾病都是诱发本病的重要因素。本病的特征为患禽生长停滞，黏膜、皮肤上皮细胞变性、萎缩、角化，发生眼病和夜盲症（图79、图80）。

图79 维生素A缺乏症患鸡鸡冠和眼部周围皮肤干燥并有角质化倾向

图 80 维生素 A 缺乏症患病小鸭眼角膜坏死呈灰白色

（二）综合防治

1. 化学药物治疗

见表 29。

表 29 化学药物治疗维生素 A 缺乏症

药 名	作用与主治	每千克饲料用量	使用方法
维生素 A	维生素 A 缺乏症	10 000 单位	混料服 5~7 天
鱼肝油粉		2.5 克	
维生素 E	防止维生素 A 氧化	按使用说明书	2 次 / 天，用 3~4 天

2. 预防与兽医卫生

预防维生素A 缺乏症主要是注意饲料配合。根据各品种禽对维生素 A 的需要量，保证供给。日粮中应补充富含维生素A 和胡萝卜素的饲料，如鱼肝油、胡萝卜、黄玉米、三叶草、南瓜、苜蓿等。做好饲料的贮存保管工作，避免发酵酸败、发热、氧化，防止胡萝卜素和维生素 A 被破坏；注意消除影响家禽对维生素 A 吸收和转化的因素。发生维生素 A 缺乏症时，可在饲料中补加维生素 A 或用鱼肝油粉。个别严重病禽，可每只滴服浓缩鱼肝油 2~3 滴，每天 1~2 次，连用 3~4 天。为防止维生素 A 氧化，还可在饲料中加入抗氧化剂。

二十八、维生素E－硒缺乏症

（一）发病特点

维生素E－硒缺乏症是由于家禽缺乏维生素E或硒，或同时缺乏这两种物质和其他一些相关营养物质如含硫氨基酸而导致的一种较常见的营养性疾病。

引起禽群发生本病的主要原因是饲料中维生素E含量不足，或饲料（包括原料）贮存时间过长，受日光过度照射，维生素E被大量破坏；饲料中不饱和脂肪酸含量高，并与维生素E结合，降低了饲料中维生素E的活性；家禽肝胆功能障碍，消化道疾病等造成维生素E吸收不良，均可导致维生素E缺乏症。硒的缺乏常因饲料原料产地为低硒地区及饲料在加工过程中添加硒不足引起。本病的主要特征是发生渗出性素质、脑软化症、肌营养不良症（白肌病）。

渗出性素质：在下颌部、翅膀下部、胸腹部的皮下发生出血、溶血性水肿，水肿部皮肤暗蓝色，皮下具有广泛的蓝色胶冻浸润（图81）。

脑软化症：患禽发生共济失调，转圈，抽搐或发生“观星状”等神经症状；小脑出血，大脑（尤其是后部）软化、透明化、水肿（图82），脑实质凹陷缺损。

肌营养不良症：病禽衰弱，运动无力，软脚，多处肌肉（心肌、胸肌、腿肌等）肌纤维变性，出现与肌纤维原走向相同的白色或灰白色条纹（图83）。

图81 维生素E－硒缺乏症患鸡颜面皮下有渗出性素质，外观淡蓝色

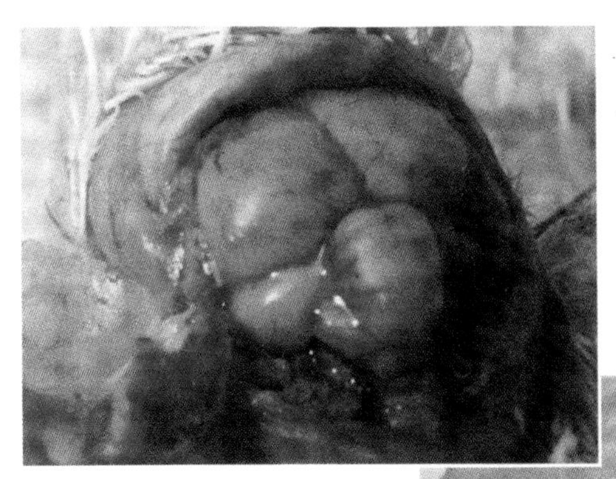

图 82 维生素 E－硒缺乏症患鸡小脑充血，大脑部分液化

图 83 维生素 E－硒缺乏症患鸡腿部肌肉呈黄白色条纹状坏死

（二）综合防治

1. 化学药物治疗

见表 30。

表 30 化学药物治疗维生素 E- 硒缺乏症

药 名	每千克体重用量	使用方法	服药时间
植物油	每吨饲料 5.0 千克	混饲内服	5~7 天
0.1% 亚硒酸钠	0.1 毫升	肌肉注射，1 次 /2 天	2~3 次
维生素 E 注射液	3.0 毫升	肌肉注射，1 次 / 天	2~3 天

2. 预防与兽医卫生

保证饲料中添加足够的维生素 E、硒和含硫氨基酸，避免饲料贮存时间过长。在幼禽生长期，必要时适量添加维生素 E、硒和含硫氨基酸。发生本病时，可使用市售维生素 E、硒制剂，按说明书用量，连续拌料喂饲病禽 5~7 天，同时在饲料中增加适量的含硫氨基酸。

二十九、痛风

（一）发病特点

痛风又叫尿酸盐沉着症，是由于体内蛋白质的代谢发生障碍所引起的疾病，为家禽尤其是鸡较常发生的一种蛋白质代谢障碍性疾病。鸡、火鸡、水禽都可发生，鸽子偶尔见之。它的特征是家禽肾脏及心脏和体内各器官组织广泛沉着灰白色尿酸盐（图 84、图 85、图 86）。

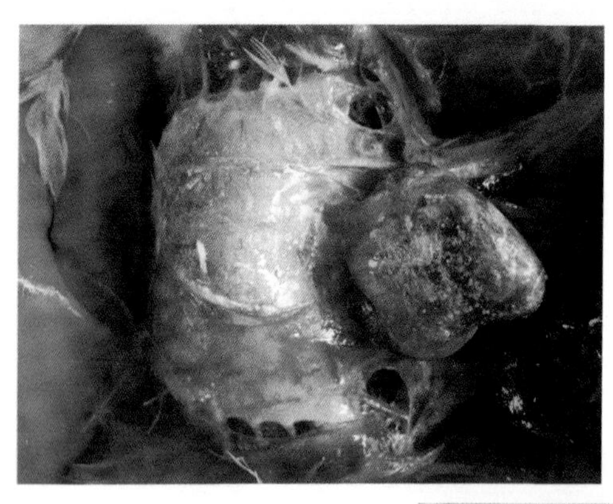

图 84 禽痛风患鹅心包膜、肝脏表面有银白色尿酸盐附着

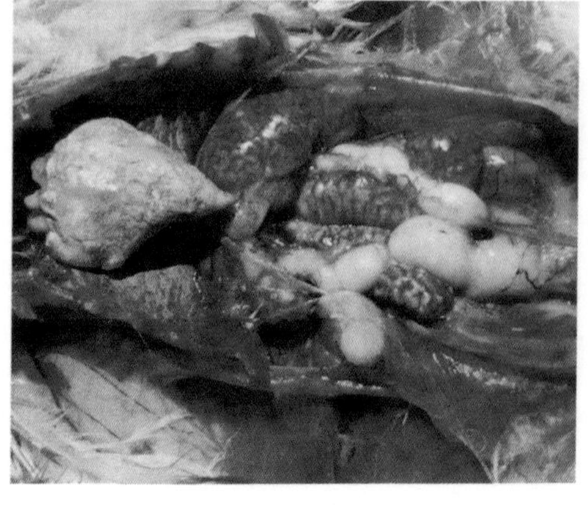

图85 禽痛风患鸡心包膜表面沉积有大量银白色尿酸盐，输尿管因尿酸盐积聚而怒张

图86 禽痛风患鹅肝脏和气囊表面有银白色尿酸盐附着

（二）综合防治

1. 化学药物治疗

见表31。

表31 化学药物治疗家禽痛风

<table>
<tr><th>药 名</th><th>用 量</th><th>使用方法</th><th>服药时间</th></tr>
<tr><td>0.25%柠檬酸钠</td><td rowspan="3">按使用说明</td><td rowspan="3">饮水，2次/天</td><td>3~5天</td></tr>
<tr><td>1.25%小苏打</td><td rowspan="2">2~3天</td></tr>
<tr><td>肾肿解毒药</td></tr>
<tr><td>口服补液盐</td><td>适量</td><td>饮水</td><td>5~7天</td></tr>
</table>

注：补液盐由氯化钠3.5克，氯化钾1.5克，小苏打2.5克，葡萄糖20克组成。用时加温开水配成1 000毫升溶液。

2. 中药治疗

处方一：降石3克，石韦、滑石、鱼脑石各10克，金钱草30克，海金沙、鸡内金、冬葵子各10克，甘草梢3克，川牛膝10克。

【用法】按处方配药，各药共为末，拌在饲料中喂服，每只鸡每次服5克，每天2次，连服4天为1疗程。

处方二：海金沙、木通、瞿麦、蝼蛄各等份。

【用法】按处方配药，粉碎混匀，每只鸡每天0.5~1克，拌料服。

处方三：木通100克，车前子100克，扁蓄100克，大黄150克，滑石200克，灯芯草100克，栀子100克，甘草梢100克，山楂200克，海金沙150克，鸡内金100克。

【用法】按处方配药，各药共为末，混匀。按1千克以下鸡，每只每天1~1.5克；1千克以上的鸡，每天每只1.5~2克，连喂5天。或将上述药物加水煎汤自由饮服，连饮5天。

处方四：车前子、海金沙、木通各250克，通草30克。

【用法】按处方配药，供1 000羽0.5~0.7千克重的鸡煎水一次饮服。连用3~5天。

3. 预防与兽医卫生

适当减少日粮中的蛋白质(尤其是动物性蛋白质的含量)，供给富含维生素A的饲料，避免过量使用磺胺类药、庆大霉素等影响肾脏功能的药物，有效地防止引起肾脏功能损害的疾病，尤其是传染性支气管炎、传染性法氏囊病，供给禽群充足的饮水及加强栏舍通风与清洁卫生，均有助于预防本病的发生。此外，还可适当饮用口服补液盐溶液及复合维生素B溶液。

三十、啄癖

（一）发病特点

啄癖又叫异食癖，是家禽彼此相啄食身体个别部位的一种病症，包括恶啄癖和异嗜癖。引起啄癖的原因有两方面：一是由于饲料中缺乏某些营养物质，使代谢机能紊乱；二是纯粹为一种恶习的传播。一般可分为啄肛癖、啄肉癖、食毛癖、啄蛋癖及异食癖几类。发生啄癖禽群的主要特征是躯体羽毛脱落，体表有损伤，甚至整个尾部被啄食，肠管溢出（图 87），破蛋增加，饲料槽、墙脚等被明显啄损，家禽生产力下降，生长不一致。一些产蛋家禽的肛门外翻，流血或直肠脱垂、出血、溃烂，有的死亡禽只消化道可能充斥羽毛及其他异物等。

图 87 啄癖受害鸡尾部被啄食，肠管溢出

（二）综合防治

1．化学药物治疗

见表 32。

表 32　化学药物治疗啄癖

<table>
<tr><th>药　名</th><th>每千克饲料用量</th><th>使用方法</th><th>服药时间</th></tr>
<tr><td>生石膏</td><td>20 克</td><td rowspan="3">混饲内服，2 次 / 天</td><td>3~5 天</td></tr>
<tr><td>硫酸钠</td><td>20 克</td><td rowspan="3">2~3 天</td></tr>
<tr><td rowspan="2">食盐</td><td>20~30 克</td></tr>
<tr><td>每升水 20~30 克</td><td>饮水服，2 次 / 天</td></tr>
</table>

2．中药治疗

处方：食盐 2 克，石膏 2 克。

【用法】按处方配药，混于 100 克饲料中喂服，每天 1 次，连喂 3 天。

3．预防与兽医卫生

（1）雏鸡剪嘴。可用电动剪嘴机剪去上喙的 1/3。

（2）有啄癖或被啄伤的病禽，要及时尽快地挑出，隔离饲养和治疗。

（3）改善饲养管理，消除各种不良因素或应激原，如调整密度，防止拥挤，调整光照，防止强光长时间照射，产蛋箱避开曝光处，室内通风，温度适宜；合理安排饲喂时间，饥饱适宜，饮水充足。

（4）要注意防治家禽体外寄生虫病及有关传染病。

（5）找出禽群饲料中缺乏的营养成分并及时补给，如蛋白质、氨基酸不足则添加鱼粉、血粉、豆饼等；若缺维生素 B_2 和缺铁等，则每只鸡每天补充维生素 B_2 5~10 毫克，硫酸亚铁 1~2 毫克，连用 3~5 天。

三十一、水禽副黏病毒病

（一）发病特点

水禽副黏病毒病是由禽Ⅰ型副黏病毒引起的传染性疾病。临床可见禽群食欲减少，精神不振、呆立或蹲地；眼睑肿大，流眼泪，体重很快减轻，饮欲增多；病禽粪便呈水样、暗红色、绿色、黄色或墨绿色；部分患禽只出现扭颈、转圈、仰头等神经症状（图88），倒提病禽口腔流出血色黏性液体。剖检可见舌部、口腔有米粒大淡黄色结痂，易剥离，剥离后可见到紫斑，食道有结痂，剥离后见紫斑；腺胃、肌胃可见充血、出血，个别内容物呈暗红色糊状（图89）；脾脏肿大、瘀血，有芝麻大至绿豆大的坏死灶；胰腺肿大，有灰白色米粒大至绿豆大坏死灶；整个肠道壁粘有弥漫性或散在性、大小不一、淡黄色或灰白色的纤维素性结痂，剥离后呈现出血性紫斑或溃疡面（图90），盲肠扁桃体肿大出血；肝脏肿大，质地较硬；心肌质脆，个别心肌、心包膜有出血斑。

图88 水禽副黏病毒病患鹅共济失调，呈现明显的神经症状

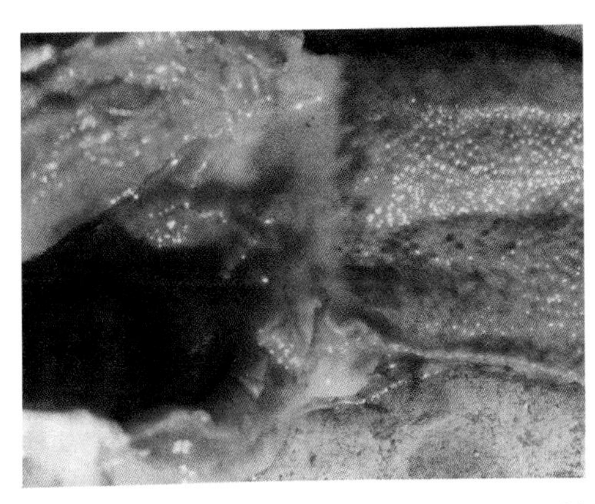

图89 水禽副黏病毒病患鸭腺胃乳头出血

图90 水禽副黏病毒病患鹅肠道黏膜严重的出血、坏死和溃疡

（二）综合防治

1．生物与化学药物防治

见表33。

表33 生物与化学药物防治水禽副黏病毒病

药 名	用量		使用方法	服药时间
高免蛋黄液	每千克体重用量	1~2 毫升	肌肉注射，2 次 / 天	连用 2 天
10% 西米替丁		0.1~0.2 毫升		
头孢氨苄	每升水用量	100 毫克	混合后连续饮用 8 小时	
硫酸新霉素		60 毫克		
维生素 C		250 毫克	混合后自由饮用，2 次 / 天	连用 3 天
葡萄糖		20 克		

2．免疫预防与兽医卫生

调整饲料配方，患病期间减少全价饲料用量，增加青饲料（嫩牧草），让鹅群自由采食，暂停投喂带壳谷类饲料。做好环境清洁卫生工作，禽舍和场地用1∶300稀释的双季铵盐络合碘液喷洒消毒，每天1次，连续7天。本病通过灭活疫苗接种能得到有效预防。使用水禽副黏病毒灭活疫苗做1次免疫能得到一定免疫保护，但在生产上免疫期内的禽群有时仍发生该病，故曾发生本病流行区域，禽群应做二次免疫。

三十二、肉鸡腹水综合征

（一）发病特点

肉鸡腹水综合征是由多种因素造成鸡只机体缺氧，导致肉鸡发生肺水肿，心包、胸腹腔大量积液为特征的疾病。本病的主要表现为呼吸困难，冠髯发绀，腹部膨胀、下垂、有波动感（图91），最后衰竭死亡。剖检病禽可见心包、胸腹腔积聚大量黄色渗出液，渗出液中混有黄色胶冻样物质；肺水肿，心室积血，血凝不良，右心室肥大；肝脏肿大或硬化；肠系膜瘀血及肠道黏膜广泛性充血或出血。

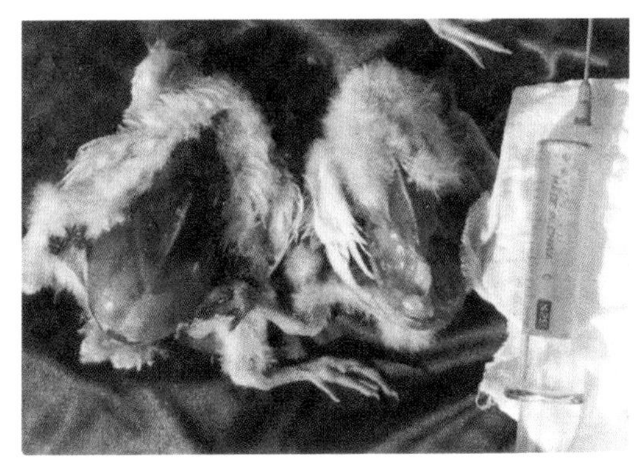

图91 肉鸡腹水综合征患鸡腹腔内充满大量淡黄色透明的腹水
（右图示腹水被吸出后的情况）

（二）综合防治

1. 化学药物防治

见表34。

表34 化学药物防治肉鸡腹水综合征

药　名	每千克体重用量	使用方法	服药时间
维生素C	0.1~0.2毫克	饮水，2次/天	2~3天
维生素E注射液	3毫升	肌肉注射，1次/天	

2. 中药防治

处方一：大黄、泽泻各20克，赤茯苓、车前子、茵陈、青皮、陈皮、白术各24克，猪苓、木通、槟榔、枳壳各16克，莱菔子32克，苍术12克。

【用法】按处方配药，加水二煎，取汁混合，加水饮用或拌料服，供100羽鸡服，每天1剂，连用3剂。

处方二：药用桑白皮、泽泻、陈皮、大腹皮、木通、车前子各30克，猪苓、桂枝各20克，茯苓、黄芪各60克。

【用法】按处方配药，加水二煎，供100羽鸡早晚各服1次，连用3~5天，重症者每羽加喂双氢克，尿嗪半片，维生素C 10毫克，同时每1 000千克饲料中加含维生素E、硒生长素5 000克。

处方三：陈皮、丹参、茯苓、白术、茵陈各等份。

【用法】按处方配药，加水二煎，连汁和药渣一起拌料喂鸡，每天1次。预防量按1月龄肉鸡每100羽每天服25克；治疗量加倍，病重者每100羽鸡加北芪10克。

处方四：茵陈60克，茯苓、桑白皮、大腹皮、姜皮、苍术、泽泻、干姜、青木香、厚朴、木瓜、大枣各30克，龙胆草60克。

【用法】按处方配药，共为细末，按每羽每次0.5~1克，拌料服或煎汤加入饮水中喂服。每天3次，3天为1个疗程。

处方五：茯苓85克，姜皮45克，泽泻20克，木香90克，白术25克，厚朴20克，大枣25克，山楂95克，甘草50克，维生素C 45克。

【用法】按处方配药，共为细末。预防时8~35日龄肉鸡按0.4%在饲料中添加；治疗量为按1.5%的用量拌料服，连用3~5天。

3. 预防与兽医卫生

可采取以下措施：①在高海拔地区，要设法给鸡群适当补充氧气（尤其是在种蛋孵化期间）；②改善栏舍的通风状况，提高空气质量，减少废气含量；③适当限制雏鸡的早期生长（如限饲或降低饲料营养标准，控制光照等）；④避免食盐、有毒脂肪中毒，以及避免其他有害生物因素作用（如大肠杆菌感染）。⑤在饲料中适量添加维生素C、维生素E、硒、脲酶等物质以提高机体组织抗氧化能力，减少肠道内氨的生成。

三十三、鸭产蛋下降综合征

（一）发病特点

鸭产蛋下降综合征是由一些传染性因素（如禽流感、禽I型副黏病毒病、鸭瘟等）及某些营养缺乏的因素（如蛋氨酸、精氨酸、维生素E、维生素A缺乏）和某些应激因素引起。患病成鸭食欲大幅下降；肿头流泪，眼眶周围羽毛潮湿；下痢，粪便稀薄，呈白色或淡黄色；产蛋量急剧下降，产蛋率在2~3天内比原来的产蛋率下降70%~80%，并且持续2~3周，所产蛋软壳、无壳、壳粗糙、易破裂或产小蛋等（图92）。极少见病鸭死亡。剖检患鸭多数仅见眼结膜充血，肠道可能有一定程度的充血和不明显的出血，卵巢萎缩，卵子充血、变形和变性等，有的病例可能发生腹膜炎。个别死亡的病鸭，其口腔、食道黏膜可能有条纹状、黑白色、坏死性伪膜，肠道黏膜有出血、坏死和溃疡的病理变化。

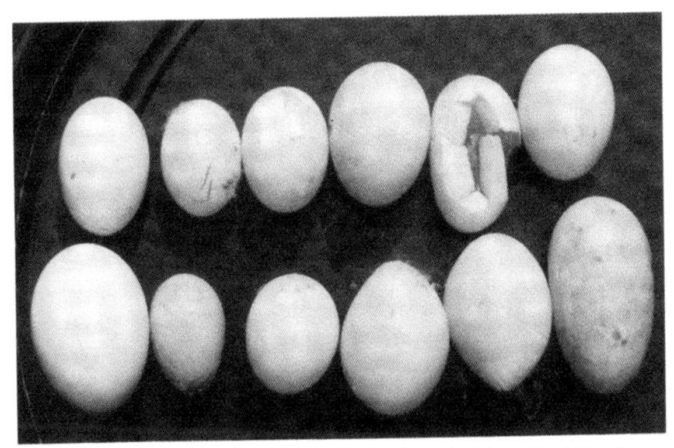

图92 鸭产蛋下降综合征患鸭产出薄壳及畸形蛋

（二）综合防治

1. 生物与化学药物防治

见表35。

表35 生物与化学药物防治鸭产蛋下降综合征

药 名	作用与主治	每千克体重用量	使用方法
高免血清	抗病原	1~2毫升	肌肉注射
维生素E	调节内分泌	5~10毫克	肌肉注射
复合维生素	补充营养	按使用说明书	饮水
维生素C		0.1~0.2毫克	饮水，2次/天

2. 免疫预防与兽医卫生

（1）发病时，根据试验检验结果，选用含有相应抗体的多联多价高免血清作注射治疗，一般在注射血清1天后产蛋量开始逐渐回升，1周后基本恢复到原产蛋量的80%~90%。

（2）在使用血清治疗的同时，可在饲料中适当添加复合维生素和氨基酸。

（3）避免一些明显的应激因素作用。

（4）控制病情后，应采用相应的灭活苗作主动免疫接种，每年1~2次，同时搞好鸭瘟、禽霍乱、大肠杆菌、支原体病的免疫及药物预防。

三十四、雏番鸭"白点病"

（一）发病特点

雏番鸭"白点病"是由呼肠孤病毒引起雏番鸭的一种急性、高度接触性传染病。本病只见于雏番鸭，发病急，传染快。其特征性病理变化是病雏肝脏、脾脏、胰脏、肾脏、肠等多种内脏器官形成白色点状坏死灶，见图93、图94。

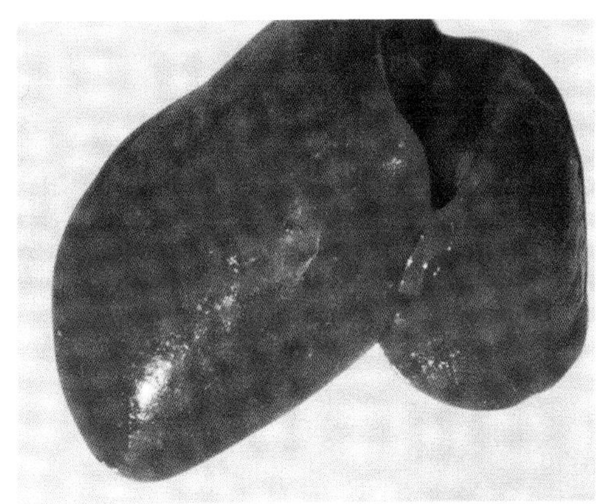

图93 雏番鸭"白点病"患病小番鸭肝脏表面布满针头大小的灰白色坏死点

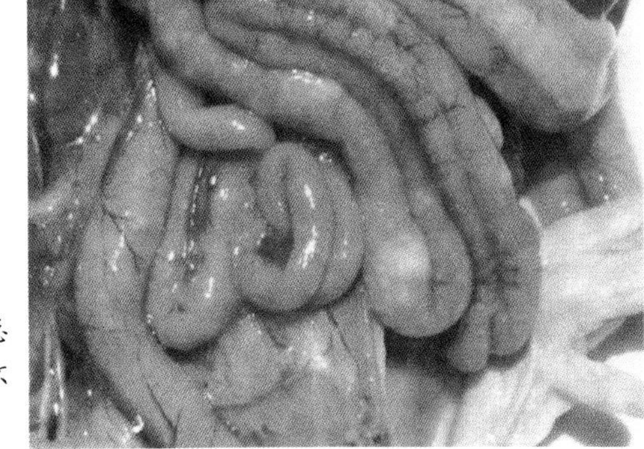

图94 雏番鸭"白点病"患病番鸭肠道黏膜内有黄白色坏死点

（二）综合防治

1. 生物与化学药物防治

见表36。

表36 生物与化学药物防治雏番鸭“白点病”

<table>
<tr><th>药 名</th><th colspan="2">作用与主治</th><th>每千克体重用量</th><th>使用方法</th></tr>
<tr><td>高免卵黄抗体</td><td colspan="2">抗病原</td><td>1~2毫升</td><td rowspan="2">肌肉注射</td></tr>
<tr><td>丁胺卡那霉素</td><td rowspan="3">抑菌杀菌</td><td rowspan="3">防止继发感染（二选一）</td><td>5~7.5毫克</td></tr>
<tr><td rowspan="2">恩诺沙星</td><td>10毫克</td><td>肌肉注射</td></tr>
<tr><td>每升水50毫克</td><td>饮水</td></tr>
<tr><td>口服补液盐</td><td colspan="2">补液，调节电解质</td><td>适量</td><td>饮水</td></tr>
</table>

注：补液盐由氯化钠3.5克，氯化钾1.5克，小苏打2.5克，葡萄糖20克组成。用时加温开水1 000毫升配成溶液。

2. 免疫预防与兽医卫生

对本病的控制，目前尚无理想的特效药。临床上采取以下措施可有助于控制疫情，减少死亡。

（1）加强消毒工作，保持地面的干爽，补充适量的维生素、补液盐，以增强体质，防止脱水。

（2）在发病初期及时投喂一些抗生素，如速百治、丁胺卡那霉素及一些抗病毒清热解毒中药。

（3）分离病原，制备本场的灭活疫苗或高免卵黄抗体用于预防或治疗。

（4）注意防制雏鸭细小病毒病、鸭疫里氏杆菌病、副伤寒、大肠杆菌病等。